배우다

Eureka Math
1학년
모듈 4 & 5

Great Minds PBC is the creator of Eureka Math®,
Wit & Wisdom®, Alexandria Plan™, and PhD Science™.

Published by Great Minds PBC. greatminds.org

Copyright © 2020 Great Minds PBC. All rights reserved. No part of this work may be reproduced or used in any form or by any means—graphic, electronic, or mechanical, including photocopying or information storage and retrieval systems—without written permission from the copyright holder.

ISBN 978-1-64929-194-3

1 2 3 4 5 6 7 8 9 10 CCD 25 24 23 22 21 20

Printed in the USA

배우다 ♦ 연습 ♦ 성공

Eureka Math® 학생용 자료 *단위 이야기*® (K–5)는 *배우다, 연습, 성공* 트리오에서 확인할 수 있습니다. 이 시리즈는 학생용 자료집을 체계적으로, 이용하기 쉽게 유지하여 다른 책들과 차별화되며 교육 과정의 도움을 드립니다. 교육자들은 *배우다, 연습, 성공* 시리즈가 또한 일관적이며 중재 반응 모델 (RTI), 추가 연습 및 여름 방학 동안 학습을 위해 보다 효과적인 자료를 제공하는 것을 알게 될 것입니다.

배우다

*Eureka Math 배우다*는 학생들의 사고를 보여주고, 알고 있는 것을 공유하며, 지식이 매일 쌓이는 것을 지켜 보는 학생의 반 친구 역할을 합니다. *배우다*는 적용 문제, 마무리 평가, 문제 세트, 템플릿 등 일상 수업을 쉽게 저장하고 탐색할 수 있는 양으로 구성됩니다.

연습

모든 *Eureka Math*수업은 *Eureka Math* 연습에서 찾을 수 있는 활동을 포함한 활기차고 즐거운 실력 향상 연습문제로 *시작됩니다*. 수학적 사실에 능숙한 학생들은 더 많은 자료를 더 깊이 익힐 수 있습니다. 연습과 함께, 학생들은 새로 습득한 기술에 대한 역량을 키우고 다음 수업을 위해 이전에 배웠던 사실을 한 번 더 복습해볼 수 있습니다.

학습와 연습 모두는 핵심적인 수학 수업에서 사용할 모든 프린트를 제공합니다.

성공

Eureka Math 성공은 학생들이 수학을 마스터할 수 있도록 자습할 수 있는 환경을 제공합니다. 이러한 추가 문제 세트는 교실 수업에 맞추어 수업별로 배열되어 있어서 숙제나 추가 연습문제로 사용하기에 이상적입니다. 각 문제 세트에는 유사한 문제를 해결하는 방법을 보여주는 풀이의 예제인 Homework Helper와 함께 하게 됩니다.

교사 및 개인 교사는 이전 학년 수준의 *성공하기* 책을 사용하여 학생들간의 기초 지식 격차를 줄이기 위한 일관된 커리큘럼 유지 도구로서 사용할 수 있습니다. 학생들에게 친숙한 책 구성으로 현재 학년 수준의 내용을 더 쉽게 이해할 수 있게 되어, 더 빠르게 향상되고 발전할 것입니다.

학생, 가족 및 교육자:

수학의 기쁨, 놀라움, 전율을 축하할 수 있는 *Eureka Math*® 커뮤니티의 일원이 되어주셔서 감사합니다.

Eureka Math 교실에서는 풍부한 경험과 대화를 통해 새롭게 학습할 수 있습니다. *배우다* 책은 각 학생의 손에 수업 시간에 배운 내용을 표현하고 통합하는 데 필요한 프롬프트와 문제 순서를 제시합니다.

배우다 책 안에는 어떤 내용이 들어있나요?

적용 문제: 실제 상황에서 문제 해결은 *Eureka Math*에서는 매일 해야 하는 일입니다. 학생들은 새롭고 다양한 상황에서 지식을 적용할 때 자신감과 인내심을 키울 수 있습니다. 커리큘럼에서는 학생들이 문제 읽기 (Read the problem), 문제를 이해하기 위해 그림 그리기(Draw to make sense of the problem), 방정식과 해답 찾기(Write an equation and solution)의 RDW 과정을 사용하도록 권장합니다. 학생들이 자신이 공부한 것을 공유하고, 서로 해결 전략을 설명해줄 것이기에 교사들에게도 도움이 됩니다.

문제 세트: 신중하게 배열된 문제 세트는 차별화를 위한 여러 진입점을 두어, 수업 내에서 자습할 수 있는 기회를 제공합니다. 교사는 준비 및 사용자 정의 프로세스를 사용하여 각 학생을 위한 "반드시 풀어야 할" 문제를 선택할 수 있습니다. 어떤 학생들은 다른 학생들보다 더 많은 문제를 풀 수도 있지만, 중요한 점은 모든 학생들이 선생님의 도움을 거의 받지 않고 스스로 자신이 배운 것을 바로 활용할 수 있는 10분짜리 쉬는 시간이 있다는 점입니다.

학생들은 각 단원에서 정점을 이루는 스스로 생각해보기로 문제 세트를 이어갈 것입니다. 여기에서 학생들은 그날 궁금했던 것, 깨달은 것, 배운 것을 확실하게 설명하고 통합하여 반 친구들 및 선생님과 함께 생각해 볼 수 있습니다.

마무리 평가: 학생들은 매일 마무리 평가를 학습해 자신이 아는 것을 교사에 보여줄 수 있습니다. 얼마나 확인했는지 확인할 수 있는 이것은 교사에게 그 날 수업이 어땠는지 실시간으로 알려주는 귀중한 자료가 되어, 다음에는 어떤 부분에 집중해야 할지를 알려주는 중요한 인사이트를 제공할 수 있습니다.

템플릿: 때때로, 적용 문제, 문제 세트 또는 기타 교실 활동을 하기 위해 학생들이 자신만의 그림, 재사용할 수 있는 모델 또는 데이터 세트를 가지고 있어야 합니다. 이러한 각 템플릿에는 필요한 첫 번째 수업이 제공됩니다.

어디서 Eureka Math 자료를 더 알아볼 수 있을까요?

Great Minds® 팀은 지속적으로 성장하는 자원 라이브러리를 통해 학생, 가족 및 교육자를 지원하기 위해 노력하고 있습니다. eureka-math.org . 웹 사이트에서는 또한 *Eureka Math* 커뮤니티에서 놀라운 성공 스토리를 확인하실 수 있습니다. 여러분의 통찰력과 성과를 다른 동료 사용자들과 공유해서 *Eureka Math*챔피언이 되어보세요.

깨달음의 순간으로 가득찰 1년이 되기를 기원합니다!

질 디니즈
수학 책임자
Great Minds

읽기-그리기-쓰기 과정

Eureka Math 커리큘럼은 교사가 도입한 단순하고 반복 가능한 프로세스를 사용하여 학생들이 문제를 해결하고자 할 때 도움이 됩니다. 읽기–그리기–쓰기 (RDW) 과정에서 학생들은 다음처럼 행동해야 합니다.

1. 문제를 읽으세요.
2. 그리고 표시하세요.
3. 방정식을 쓰세요.
4. 단어로 된 문장(명제)을 작성하세요.

교육자들은 다음과 같은 질문을 통해 과정을 돕도록 합니다.

- 무엇을 봅니까?
- 무언가를 그릴 수 있습니까?
- 그림에서 어떤 결론을 내릴 수 있습니까?

더 많은 학생들이 이 체계적이고 개방적 접근 방식을 통해 문제 추론에 참여할수록, 이 사고 과정을 내재화하고 앞으로도 문제 해결 상황에서 본능적으로 이 프로세스를 적용할 수 있을 것입니다.

내용

모듈 4 : 40까지의 자리값, 비교, 덧셈과 뺄셈

주제 A: 십자리 수와 일자리 수

1과 3

2과 9

3과 17

4과 23

5과 29

6과 37

주제 B : 두 자리 숫자 쌍 비교

7과 45

8과 51

9과 57

10과 63

주제 C: 십자리 수의 덧셈과 뺄셈

11과 69

12과 79

주제 D: 두 자리 숫자에 십자리 수 또는 일자리 수 덧셈

13과 85

14과 91

15과 97

16과 103

17과 109

18과 115

주제 E: 20이내의 다양한 문제 유형

19과 121

20과 125

21과 129

22과 133

주제 F: 두 자리 숫자에 십자리 수와 일자리 수의 덧셈

23과 139

24과 145

25과 151

26과 157

27과 163

28과 169

29과 175

모듈 5 : 도형의 식별, 구성 및 분할

주제 A: 도형의 속성

1과 183

2과 189

3과 195

주제 B: 복합 모양 내 부분-전체 상관관계

4과 201

5과 207

6과 215

주제 C: 사각형과 원의 반과 4분의 1

7과 221

8과 227

9과 235

주제 D: 시간을 알리기 위한 반의 적용

10과 243

11과 249

12과 255

13과 261

1학년
모듈 4

읽기

조이는 한 손에 구슬 10개를, 다른 손에 구슬 10개를 들고 있습니다. 그녀는 모두 몇 개의 구슬을 가지고 있나요?

그리기

쓰기

___

___

___

1과: 일의 자리수를 세는 것과 십의 자리 수를 세는 것의 효용성을 비교해보세요.

| 단위 이야기 | 1과 문제 세트 | 1·4 |

이름 _____   날짜 _____

10으로 이루어진 그룹에 동그라미 치세요. 총 개체 수를 표시하기 위해 숫자를 쓰세요.

1.

포도 _____ 송이가 있다.

2.

당근 _____ 개가 있다.

3.

사과 _____ 개가 있다.

4.

땅콩 _____ 개가 있다.

5.

포도 _____ 송이가 있다.

6.

당근 _____ 개가 있다.

7.

사과 _____ 개가 있다.

8.

땅콩 _____ 개가 있다.

1과: 일의 자리수를 세는 것과 십의 자리 수를 세는 것의 효용성을 비교해보세요.

덧셈 합을 만들어 십자리 수와 일자리 수를 보여주세요.

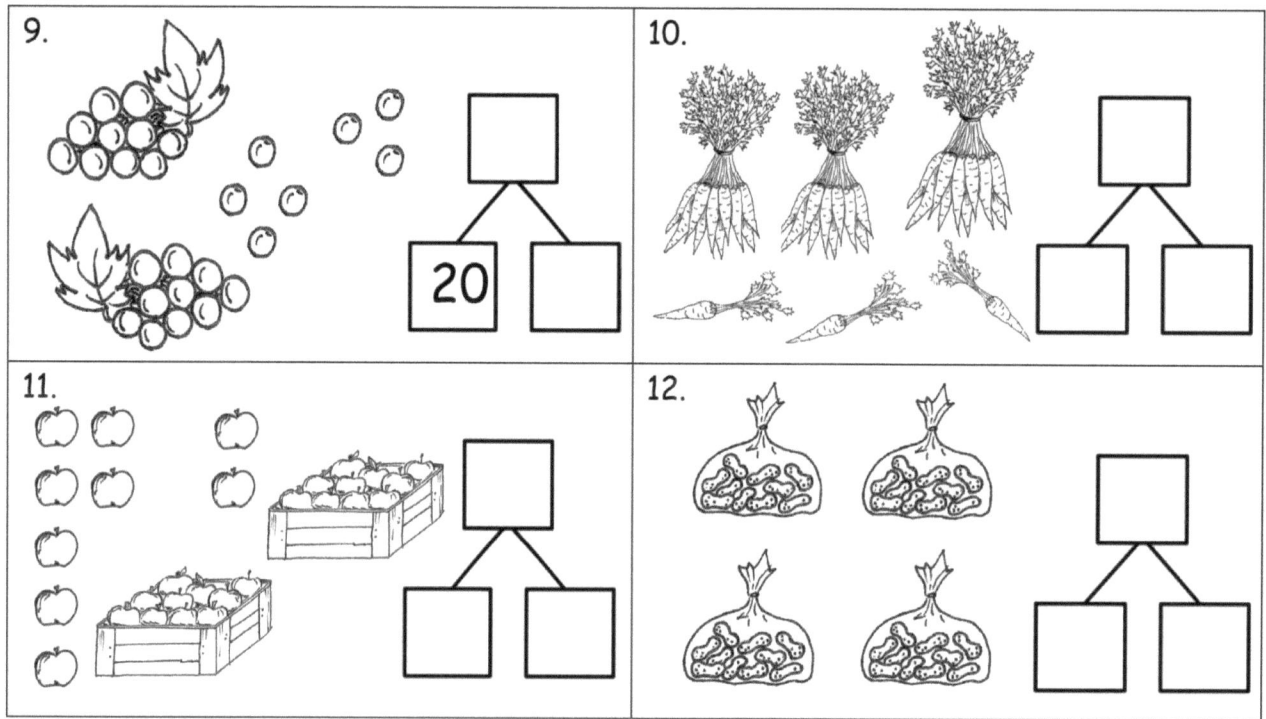

덧셈 합을 만들어 십자리 수와 일자리 수를 보여주세요. 도움이 되도록 십자리 수에 동그라미 치세요.

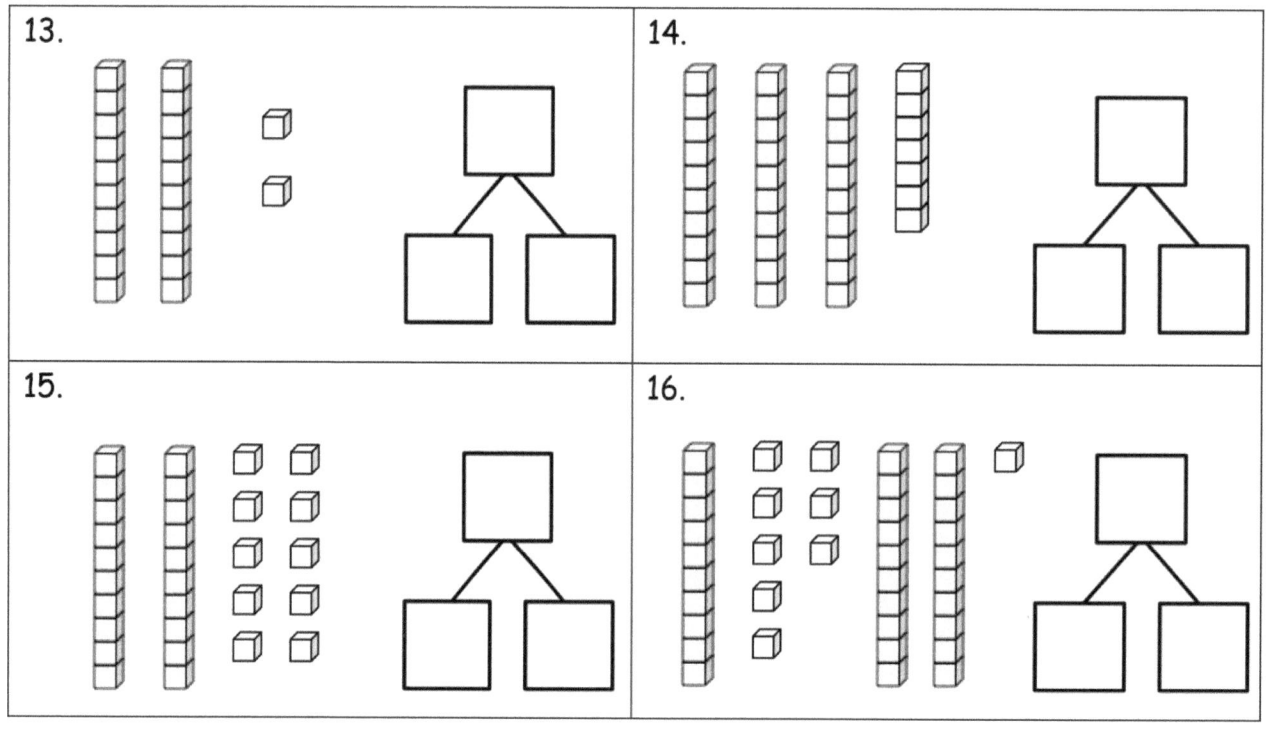

이름 _____ 날짜 _____

덧셈 합을 완료하세요.

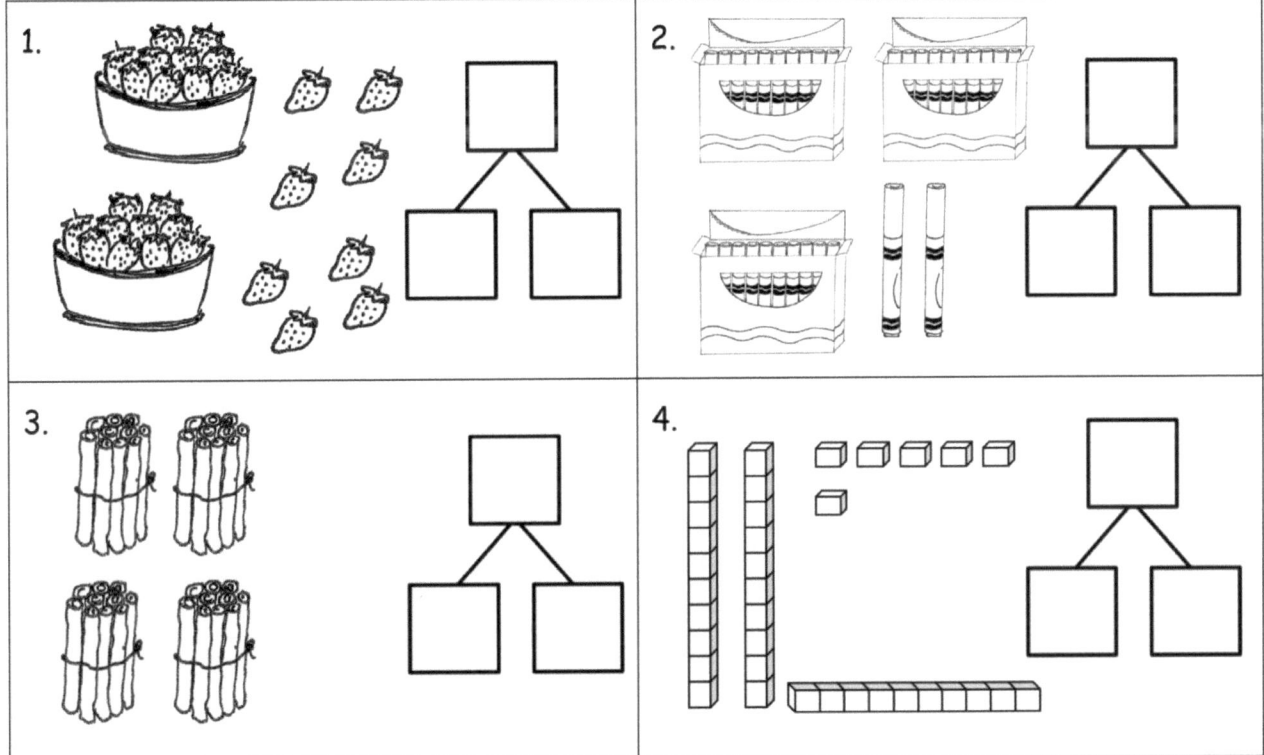

읽기

테드는 한 상자에 연필 10자루가 든 상자 4개를 갖고 있습니다. 그는 모두 연필 몇 자루를 갖고 있을까요?

그리기

쓰기

___

___

___

2과: 자리값 차트를 사용해 두 자리 수 내에서 십자리 수와 일자리 수를 기록해보세요.

이름 _____   날짜 _____

십자리 수와 일자리 수를 쓰고 숫자를 말해보세요. 명제를 완성하세요.

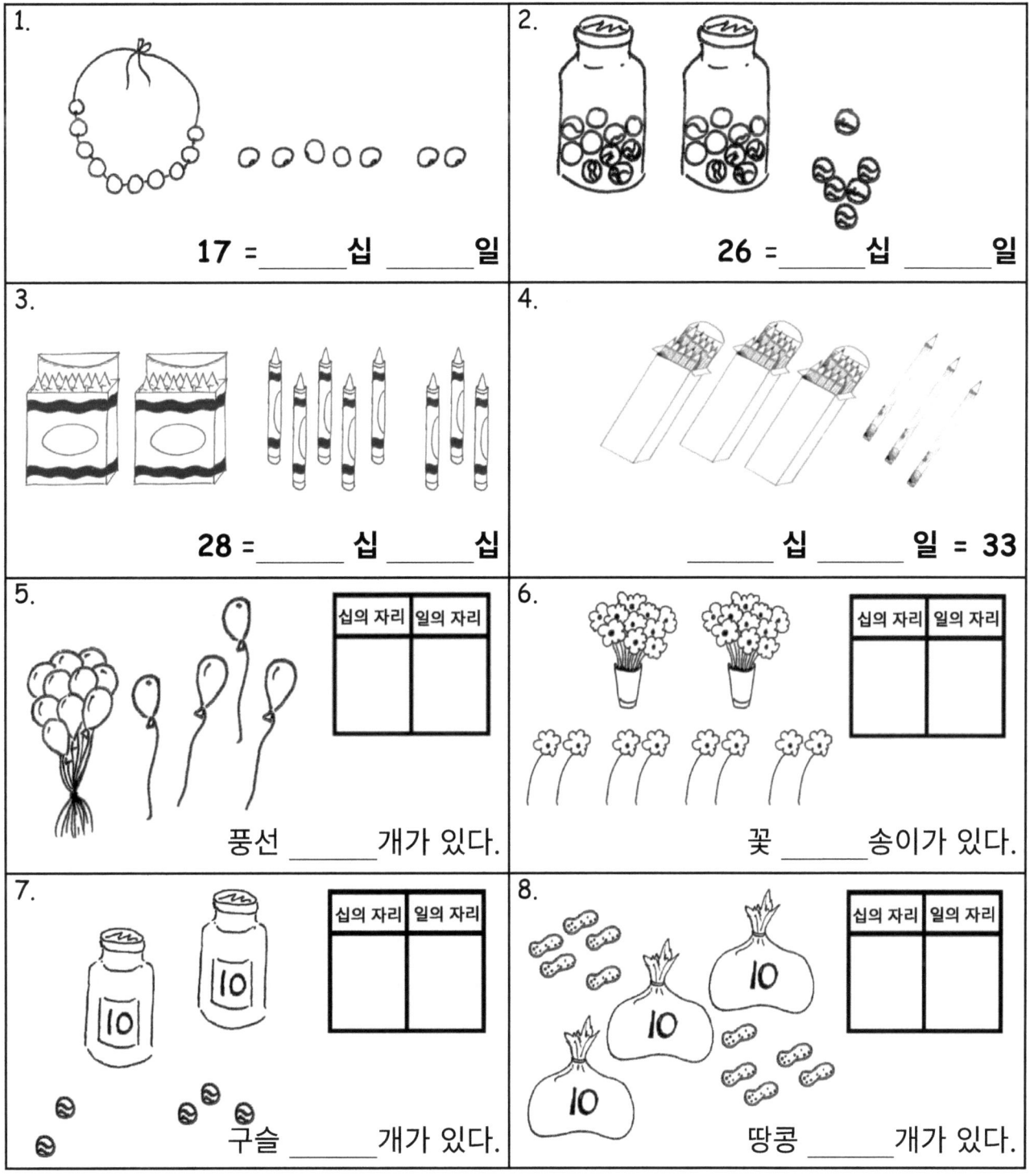

십자리 수와 일자리 수를 써보세요. 명제를 완성하세요.

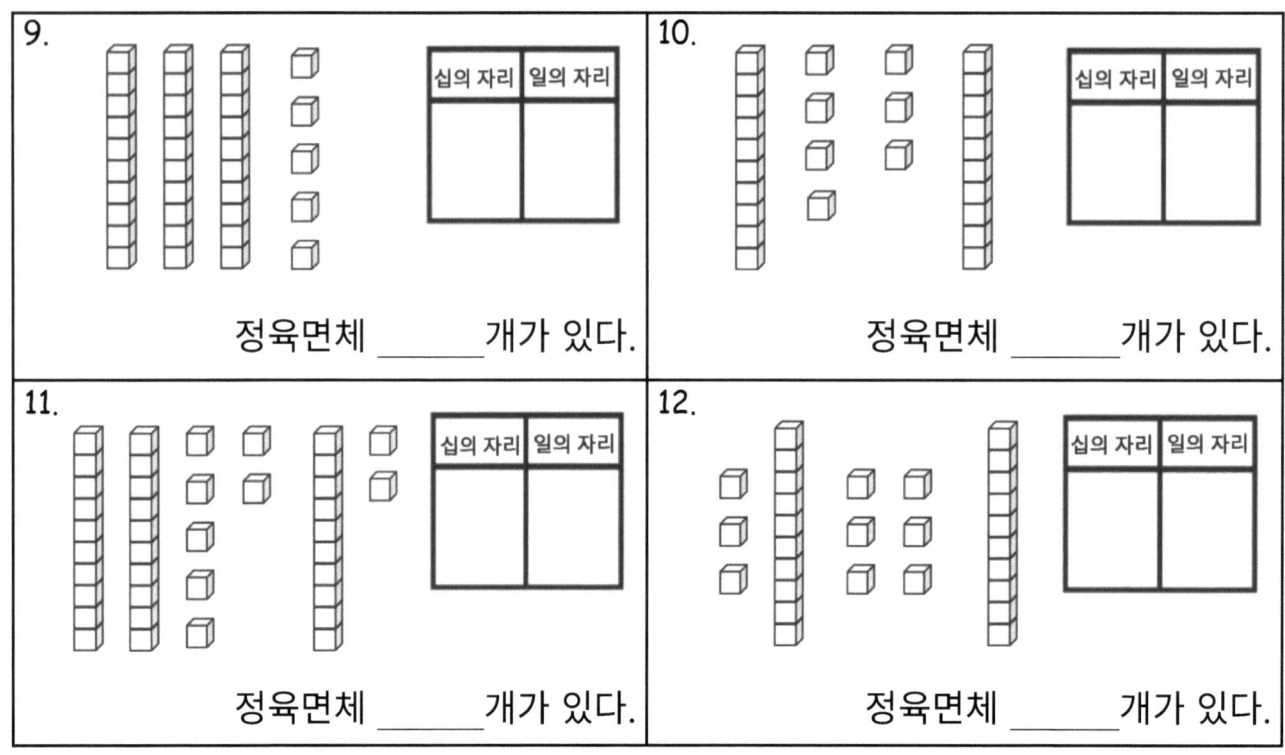

누락된 숫자를 쓰세요. 규칙적인 방법과 10말하기법으로 말해보세요.

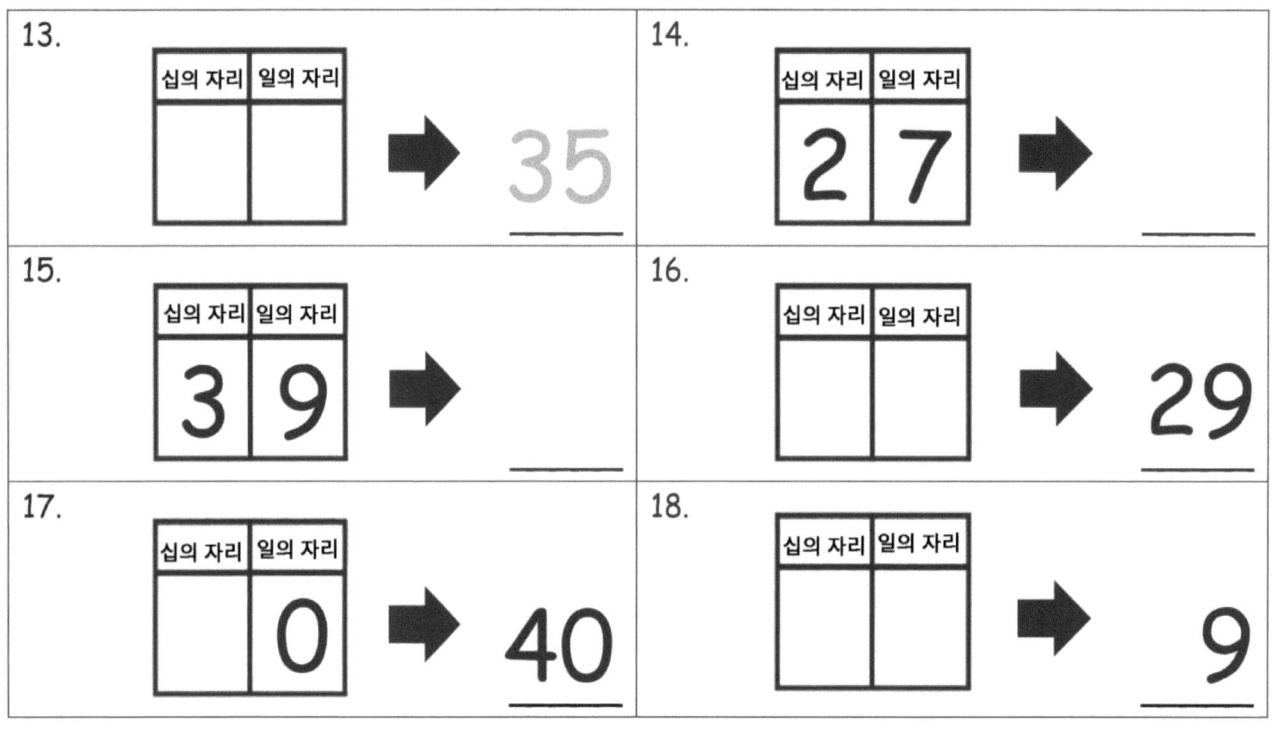

이름 _____   날짜 _____

정확한 십자리 수와 일자리 수를 보여주는 자리값 차트에 그림을 일치시키세요.

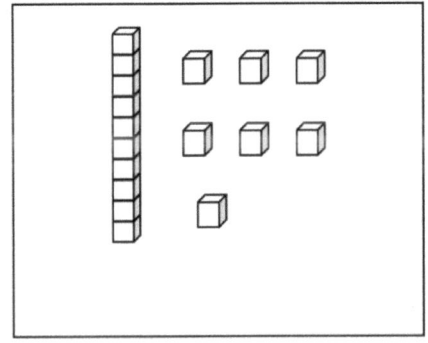

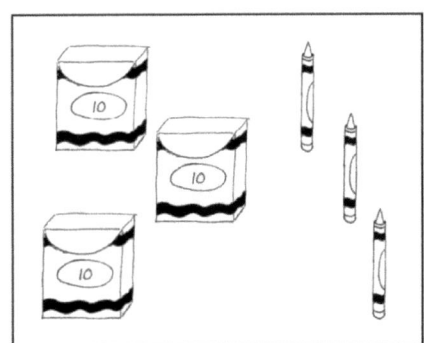

십의 자리	일의 자리

자리값 차트

읽기

수가 자리값 차트에 숫자 **34**를 쓰고 있습니다. 그녀는 이 숫자가 **4**십과 **3**인지 **3**십과 **4**인지 기억할 수 없습니다.

자리값 차트를 사용해 **34**에 십과 일이 몇 개가 있는지 보여주세요.

그림과 단어를 사용해 이것을 수에게 설명해주세요.

그리기

3과: 두 자리 숫자를 십자리 수와 일자리 수 또는 두 가지 모두를 사용해 해석해보세요.

�기

_____

_____

_____

단위 이야기 | 3과 문제 세트 | 1•4

이름 _____ 날짜 _____

셀 수 있는 가장 큰 십의 자리수를 세보세요. 각 명제를 완성하세요. 숫자와 식을 말해보세요.

1.
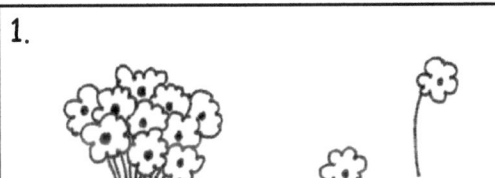
____십____일은 ____와 같다.

2.

____십____일은 ____와 같다.

3.

____십____일은 ____와 같다.

4.
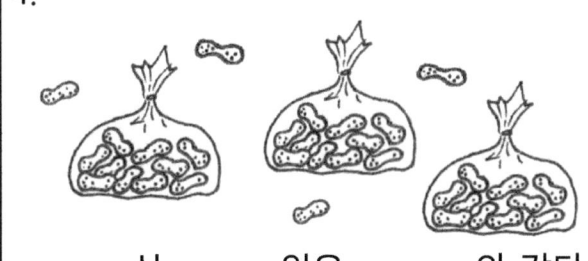
____십____일은 ____와 같다.

5.

____십____일은 ____와 같다.

6.
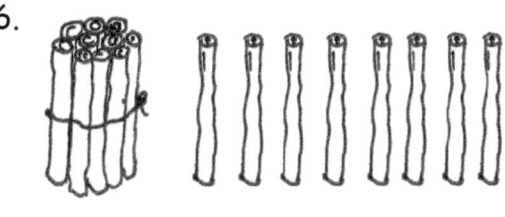
____십____일은 ____와 같다.

3과: 두 자리 숫자를 십자리 수와 일자리 수 또는 두 가지 모두를 사용해 해석해보세요.

일치

7. 십의 자리 3과 일의 자리 2 … 29 일의 자리

8. | 십의 자리 | 일의 자리 |
   | --- | --- |
   | 1 | 7 |

   40 일의 자리

   23 일의 자리

9. 37 일의 자리

   32 일의 자리

10. 4 십의 자리

    17 일의 자리

11.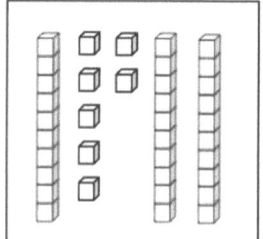

12. 일의 자리 9와 십의 자리 2

누락된 숫자를 입력하세요.

13. ➡ 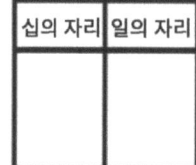 ➡ _____ 일

14. ➡ _____ 십 _____ 일 ➡ 39 일

이름 _____   날짜 _____

셀 수 있는 가장 큰 십의 자리수를 세보세요. 각 명제를 완성하세요. 숫자와 식을 말해보세요.

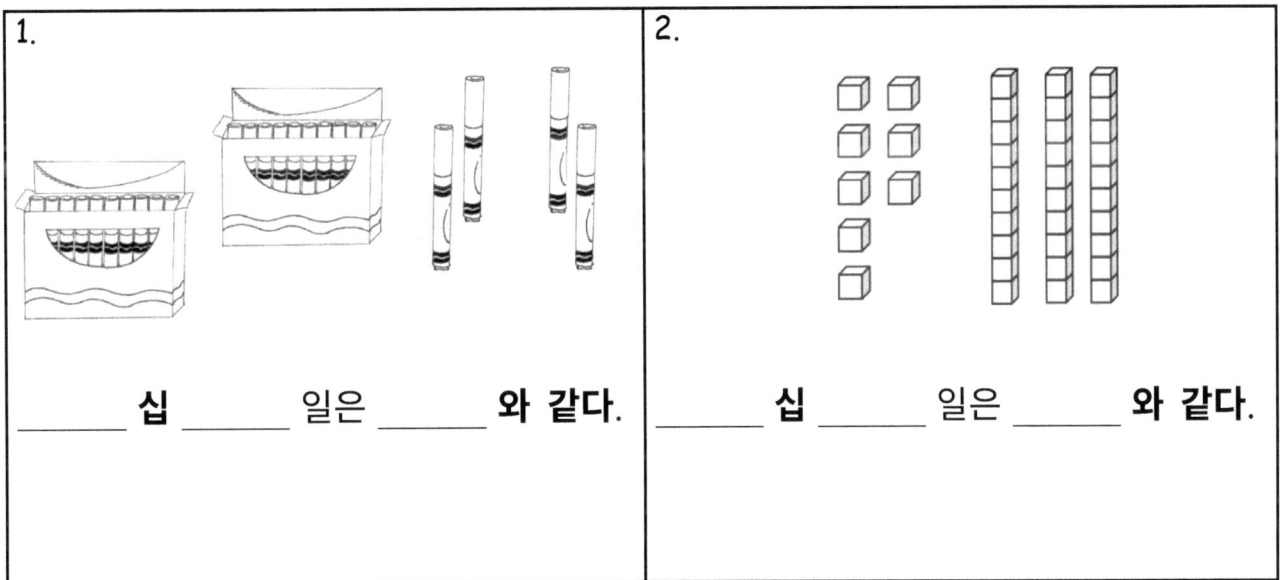

1. ____ 십 ____ 일은 ____ 와 같다.

2. ____ 십 ____ 일은 ____ 와 같다.

누락된 숫자를 입력하세요.

3. ➡ | 십의 자리 | 일의 자리 |
|---|---|
| | |

➡ ____ 일

읽기

리사는 크레용 10개가 든 상자 3개와 여분의 크레용 5개를 가지고 있습니다. 샐리는 크레용 19개를 가지고 있습니다. 샐리는 자신이 크레용을 더 가지고 있다고 하지만 리사는 동의하지 않습니다. 누가 옳을까요?

그리기

�기

_____

_____

_____

이름 _____   날짜 _____

덧셈 합을 채워보세요. 식을 완성하세요.

1.
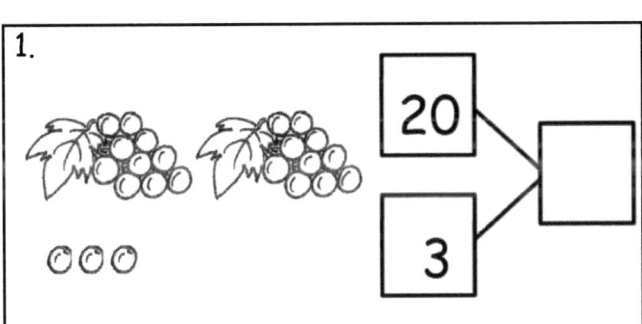
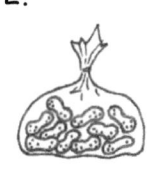
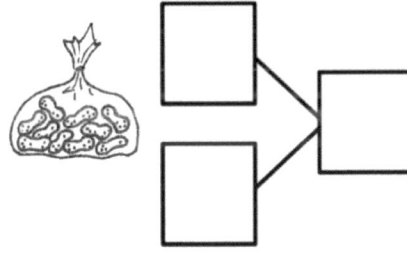

20과 3은 _____이다.

20 + 3 = _____

2.

20과 8은 _____이다.

20 + 8 = _____

3.
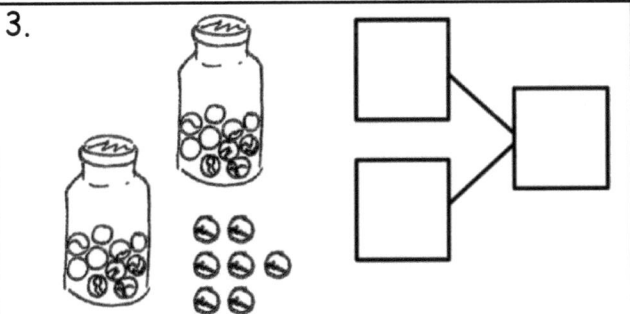

20 + 7 = _____

20과 7 합한 것은 _____이다.

4.
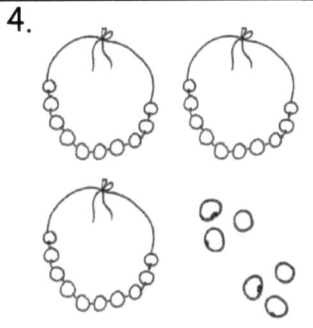
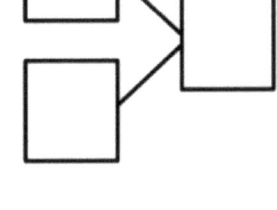

30 + 6 = _____

30과 6 합한 것은 _____이다.

5.
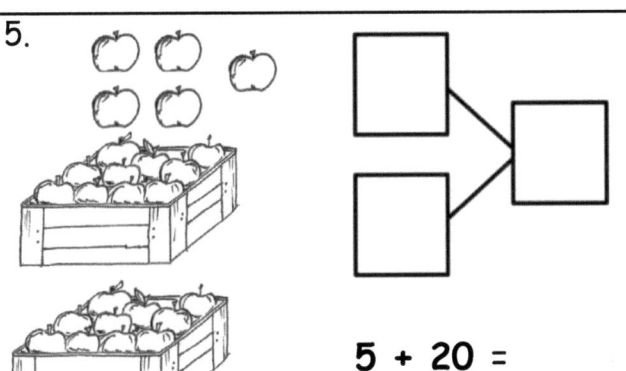

5 + 20 = _____

5와 20 합한 것은 _____이다.

6.

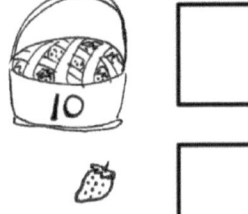
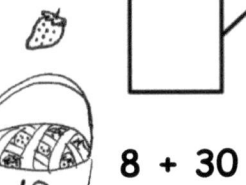

8 + 30 = _____

8과 30 합한 것은 _____이다.

십자리 수와 일자리 수를 써보세요. 그런 다음 십자리 수와 일자리 수를 더하기 위해 덧셈식을 쓰세요.

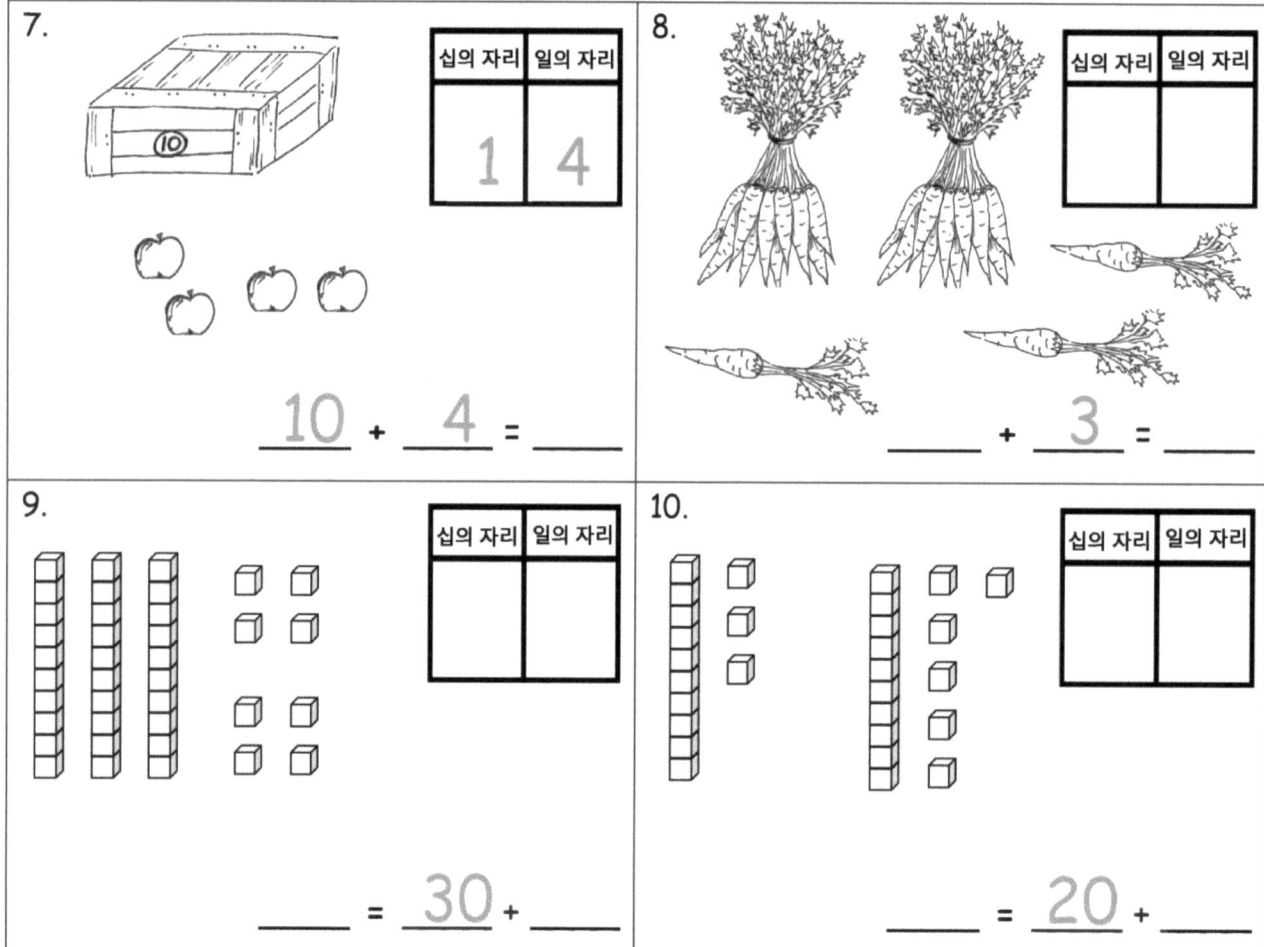

일치

11. 4십 •   • 20 + 7

12. 2십 7 •   • 40

13. 3과 20 합한 것은 •   • 20 + 3

14. 9일과 3십 •   • 2 + 30

15. 2일과 3십 •   • 9 + 30

4과 마무리 평가

이름 _____   날짜 _____

십자리 수와 일자리 수를 써보세요. 그런 다음 십자리 수와 일자리 수를 더하기 위해 덧셈식을 쓰세요.

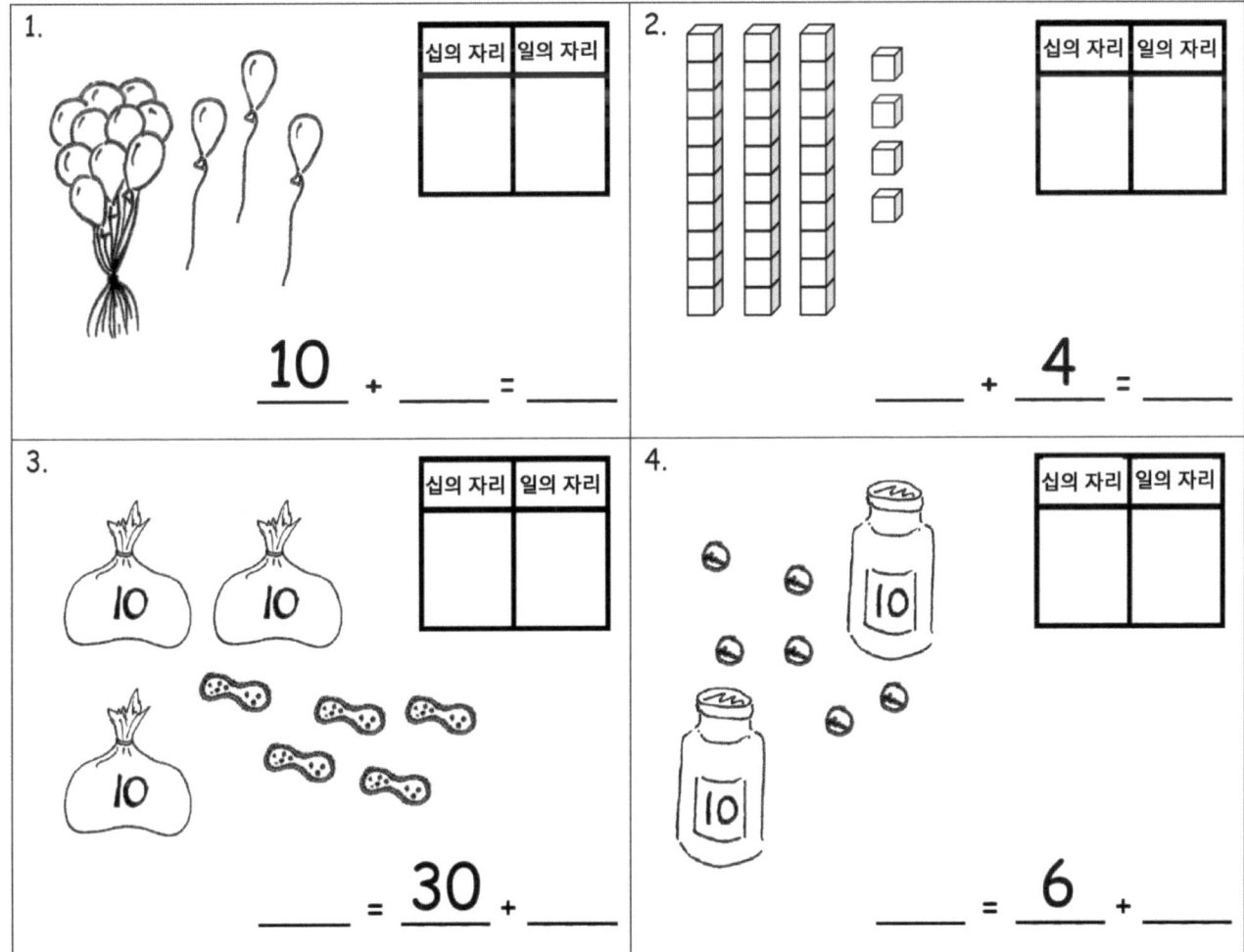

읽기

리는 연필 4자루를 갖고 있고 10자루를 더 삽니다. 키아나는 연필 17자루를 갖고 있고 그 중 10자루를 잃어버렸습니다. 누가 연필을 더 가지고 있나요? 그림, 단어 및 수식을 사용해 여러분의 생각을 설명해보세요.

그리기

�기

_____

_____

_____

이름 _____ 날짜 _____

번호를 쓰세요.

1.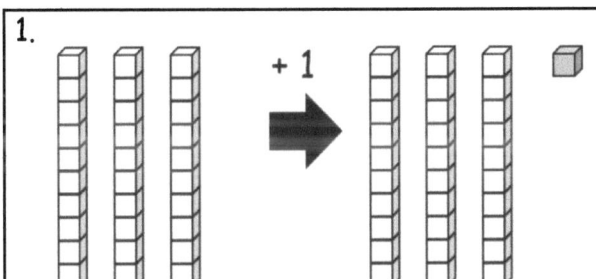
30보다 1 더 많은 것은 _____ 이다.

2.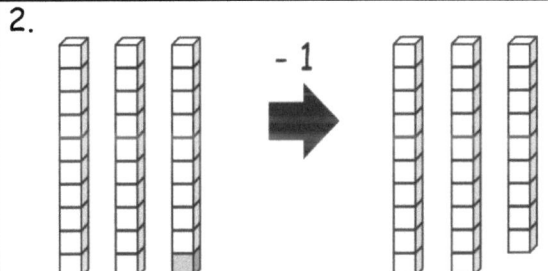
30보다 1 더 작은 것은 _____ 이다.

3.
39보다 1 더 많은 것은 _____ 이다.

4.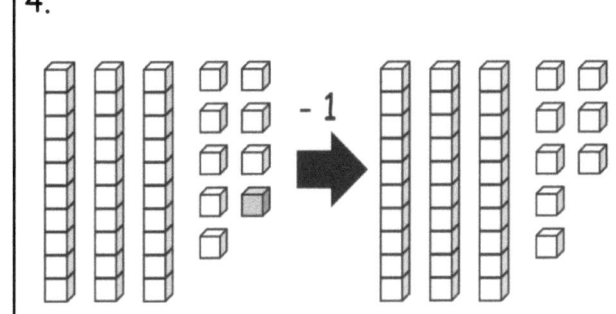
39보다 1 더 작은 것은 _____ 이다.

5.
27보다 10 더 많은 것은 _____ 이다.

6.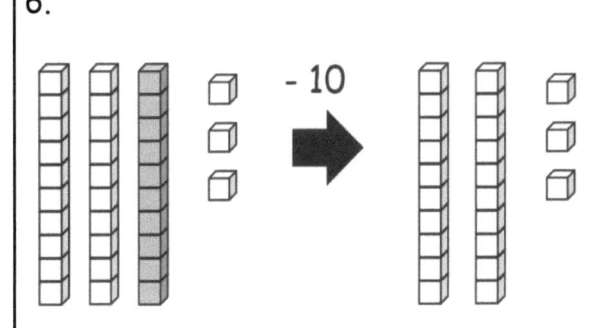
33보다 10 더 적은 것은 _____ 이다.

1 더 크거나 10 더 큰 것을 그리세요. 빠른 10을 사용해 10 더 표시할 수 있습니다.

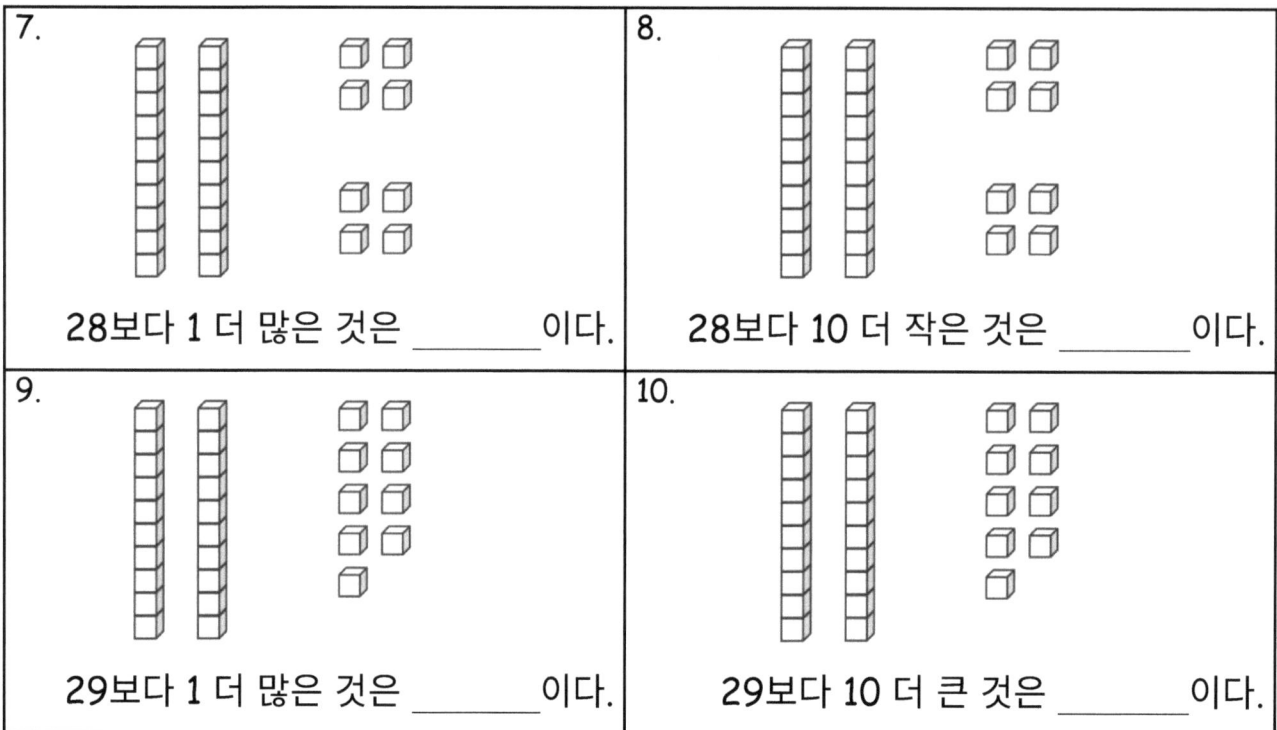

(x)를 지워 1더 적거나 10 더 적은 것을 보여주세요.

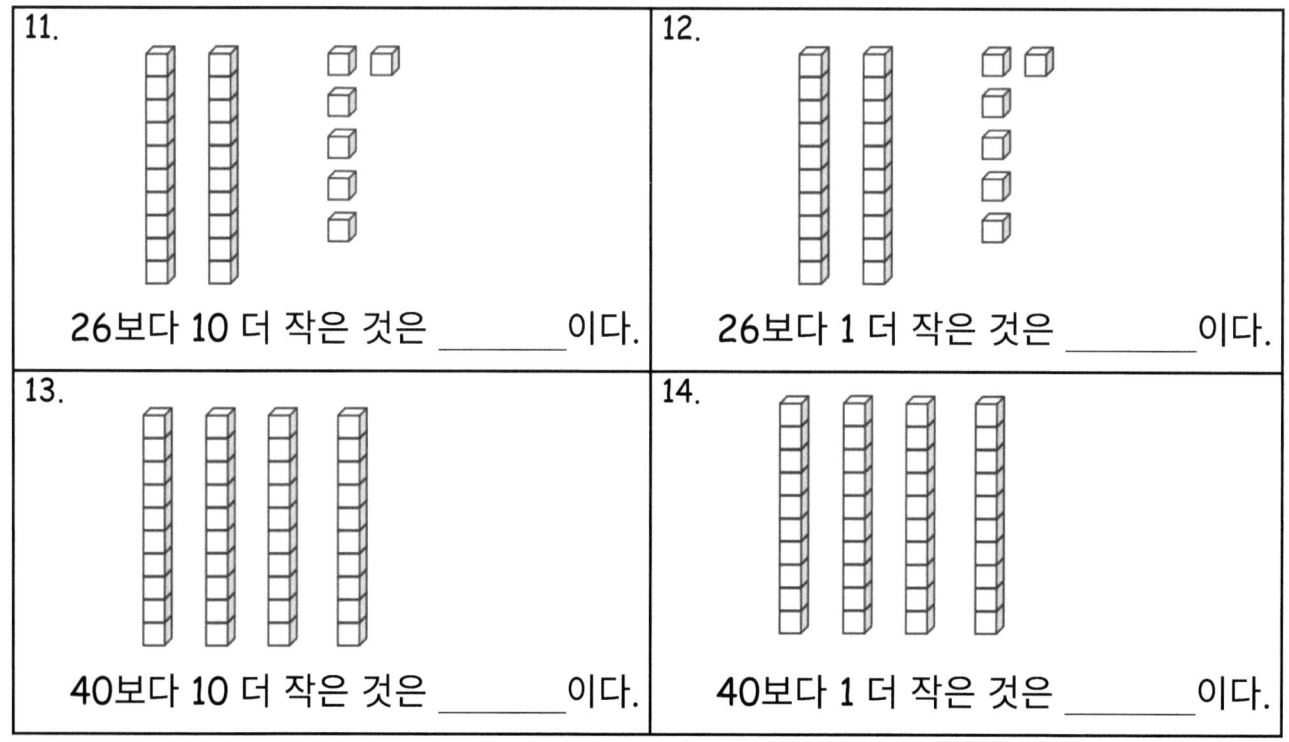

이름 _____ 날짜 _____

1 더 크거나 10 더 큰 것을 그리세요. 빠른 10을 사용해 10 더 표시할 수 있습니다.

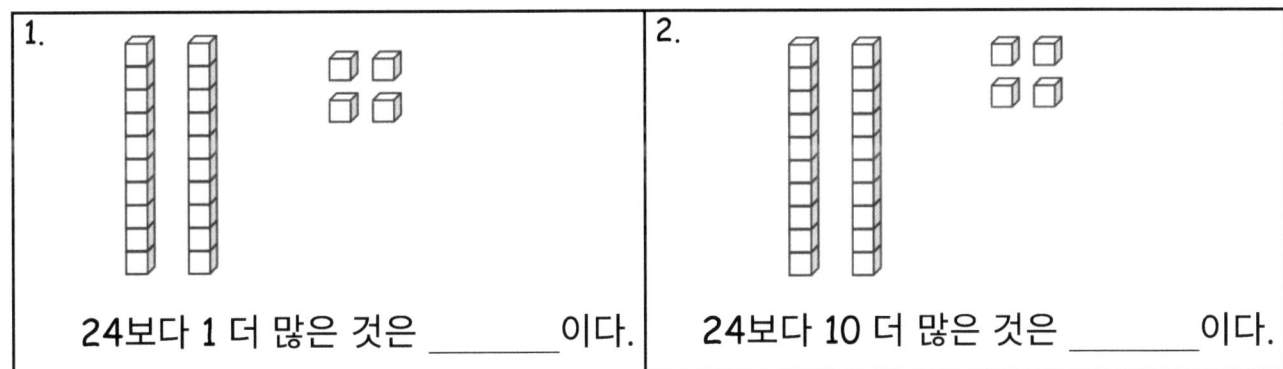

1. 24보다 1 더 많은 것은 _____이다.

2. 24보다 10 더 많은 것은 _____이다.

(x)를 지워 1더 적거나 10 더 적은 것을 보여주세요.

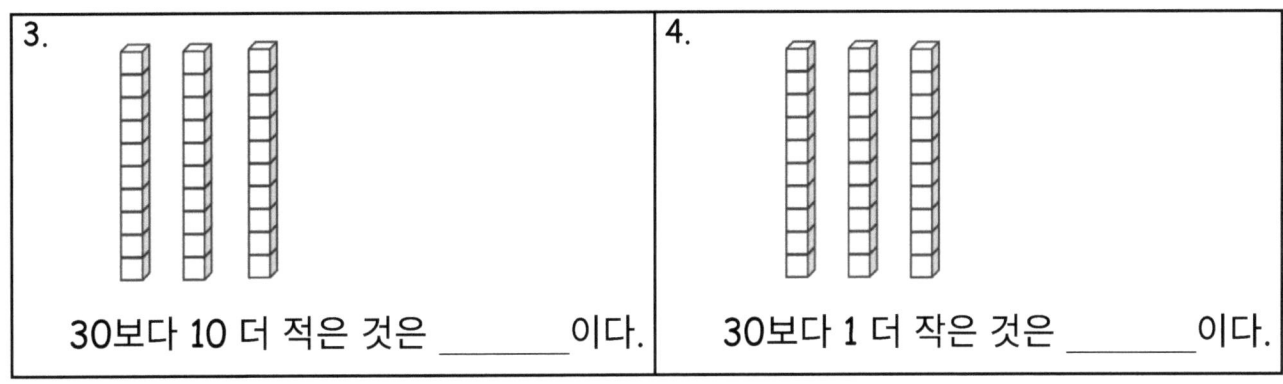

3. 30보다 10 더 적은 것은 _____이다.

4. 30보다 1 더 작은 것은 _____이다.

십의 자리	일의 자리

십의 자리	일의 자리

이중 자리값 차트

5과: 두 자리 수보다 10 더 큰, 10 더 적은, 1 더 큰, 1 더 적은 숫자를 나타내보세요.

읽기

쉴라는 한 봉지에 프레첼 10개가 든 3봉지와 여분의 프레첼 9개를 갖고 있습니다. 그녀는 친구에게 1봉지를 줍니다. 그녀는 지금 프레첼 몇 개를 갖고 있나요?

확장: 존은 프레첼 19개를 갖고 있습니다.. 존이 쉴라가 가진 만큼 가지려면, 프레첼 몇 개가 더 필요할까요?

그리기

�기

_____

_____

_____

6과 문제 세트

단위 이야기

이름 _____ 날짜 _____

자리값 차트와 빈칸을 채우세요.

1.

십의 자리	일의 자리

20 = _____ 십

2.

십의 자리	일의 자리

14 = _____ 십과 _____ 일

3.

다임	페니 (1센트 동전)

_____ = 3 십 5 일

4.

다임	페니 (1센트 동전)

_____ = 2 십 6 일

5.

다임	페니 (1센트 동전)

_____ = _____ 십 _____ 일

6.

다임	페니 (1센트 동전)

_____ = _____ 십 _____ 일

7.

십의 자리	일의 자리

_____ = _____ 십 _____ 일

8.

십의 자리	일의 자리

_____ 십 _____ = _____ 일

6과: 10센트와 1센트 동전을 사용해 십자리 수와 일자리 수를 나타내세요.

빈칸을 채우세요. 필요에 따라 십자리 수나 일자리 수를 그리거나 지우세요.

25보다 10 더 많은 것은 35

9. 15보다 1 더 많은 것은 _____이다.

10. 5보다 10 더 많은 것은 _____이다.

11. 30보다 10 더 많은 것은 _____이다.

12. 30보다 1 더 많은 것은 _____이다.

13. 24보다 1 더 작은 것은 _____이다.

14. 24보다 10 더 작은 것은 _____이다.

15. 21보다 10 더 작은 것은 _____이다.

16. 21보다 1 더 작은 것은 _____이다.

6과 마무리 평가

이름 _____ 날짜 _____

빈칸을 채우세요. 필요에 따라 십자리 수나 일자리 수를 그리거나 지우세요.

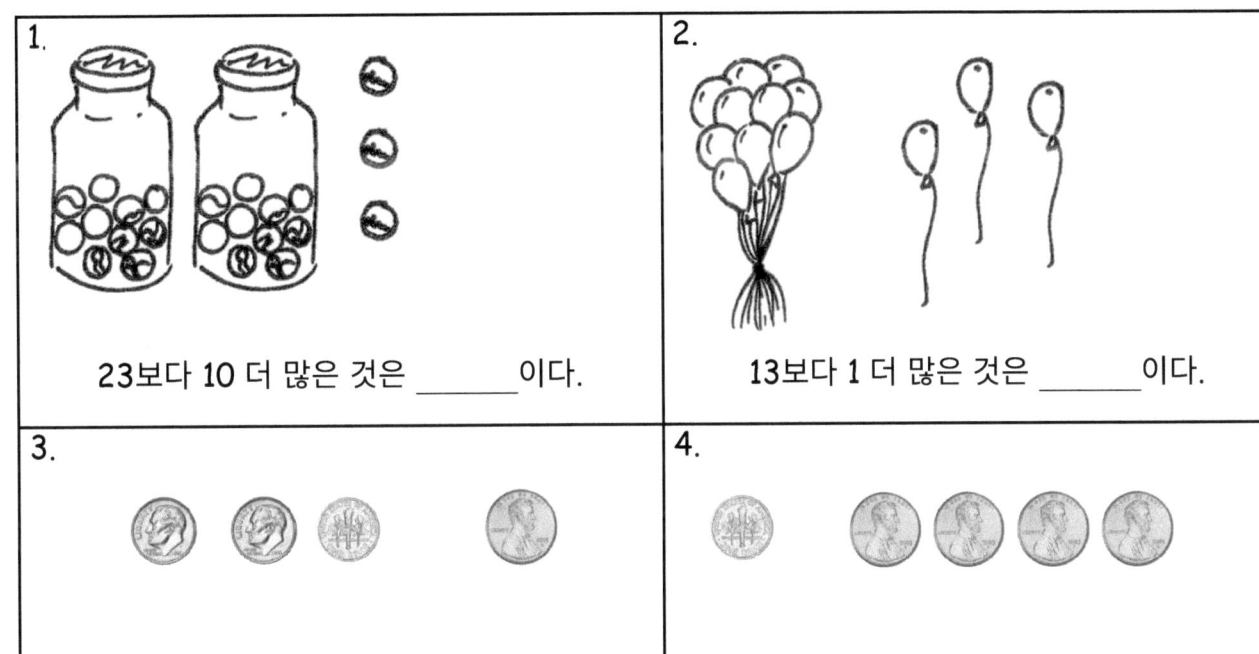

1. 23보다 10 더 많은 것은 _____ 이다.

2. 13보다 1 더 많은 것은 _____ 이다.

3. 31보다 10 더 작은 것은 _____ 이다.

4. 14보다 1 더 작은 것은 _____ 이다.

다임	페니 (1센트 동전)

십의 자리	일의 자리

동전과 자리값 차트

6과: 10센트와 1센트 동전을 사용해 십자리 수와 일자리 수를 나타내세요.

읽기

베니는 10센트 동전 4개가 있습니다. 마커스는 1센트 동전 4개가 있습니다. 베니는 "우리는 같은 금액의 돈을 갖고 있어!"라고 말합니다. 그가 맞을까요? 그림이나 단어를 사용해 여러분의 생각을 설명하세요.

그리기

�기

_____

_____

_____

7과: 두 수량을 비교하고 주어진 두 숫자 중 더 크거나 작은 숫자를 확인하세요.

이름 _____   날짜 _____

각 쌍에 대해 각 세트의 항목 수를 쓰세요. 그런 다음 *더 큰* 항목 수를 가진 세트에 동그라미 치세요.

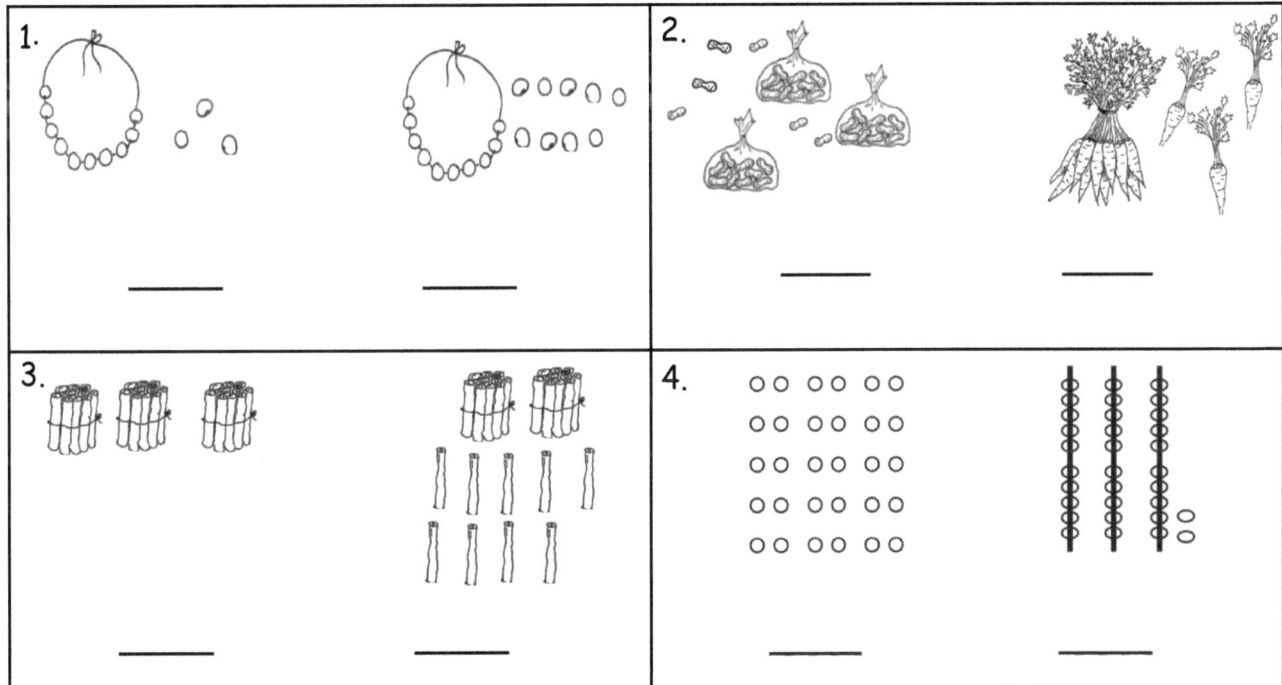

5. 각 쌍에서 *더 큰* 숫자에 동그라미 치세요.

   a. 1십 2일   3십 2일

   b. 2십 8일   3십 2일

   c. 19 15

   d. 31 26

6. 더 큰 액수인 동전 *세트에* 동그라미 치세요.

   10센트 동전 3개   1센트 동전 3개

7과: 두 수량을 비교하고 주어진 두 숫자 중 더 크거나 작은 숫자를 확인하세요.

각 쌍에 대해 각 세트의 항목 수를 쓰세요. 항목이 *더 적은* 세트에 동그라미 치세요.

7.	8.
____ ____	____ ____

9.	10.
____ ____	____ ____

11. 각 쌍에서 *더 작은* 숫자에 동그라미 치세요.

   a. 2십 5일   1십 5일

   b. 28일   3십 2일

   c.   18   13

   d.   31   26

12. 더 적은 액수인 동전 세트에 동그라미 치세요

10센트 동전 1개 1센트 동전 2개   1센트 동전 1개 10센트 동전 2개

13. 더 적은 양에 동그라미 *치세요*. 그리거나 써서 어떻게 알았는지 보여주세요.

32   17

이름 _____   날짜 _____

1. 각 세트의 항목 수를 쓰세요. 그런 다음 수가 *더 큰* 세트에 동그라미 치세요. 두 세트를 비교할 식을 쓰세요.

   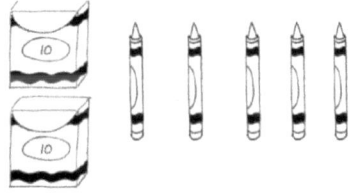

_____   _____

_____ 는 _____ 보다 더 크다.

2. 각 세트의 항목 수를 쓰세요. 그런 다음 수가 *더 적은* 세트에 동그라미 치세요. 두 세트를 비교할 식을 말해보세요.

_____   _____

_____ 는 _____ 보다 작다.

3. 더 큰 액수인 동전 세트에 동그라미 치세요.

4. 더 적은 액수인 동전 세트에 동그라미 치세요.

읽기

앤톤은 딸기 25개를 땄습니다. 그는 딸기 몇 개를 더 땄습니다. 그러자 그는 딸기 35개가 있었습니다.

a. 자리값 차트를 사용해 앤톤이 딸기 몇 개를 더 땄는지 보여주세요.

b. 다음 문구 중 하나를 사용하여 두 양의 딸기를 비교하는 식을 쓰세요. *보다 큰, 보다 작은 또는 같음.*

그리기

�기

_____

_____

_____

이름 _____ 날짜 _____

단어 은행
는 ~보다 크다
는 보다 작다
는 같다

1. 빠른 10과 일자리 수를 그려 각 숫자를 보여주세요. 첫 번째 그림을 두 번째 그림과 비교해 *더 작은(L), 더 큰(G)* 또는 *같음(E)*으로 표시하세요. 단어 은행에서 골라 문장을 써서 숫자를 비교하세요.

a.

20 _____ 18

b.　　2십　　　　　3십

2십 _____ 3십

c.　　　24　　　　15

24 _____ 15

d.　　　26　　　　32

26 _____ 32

2. 단어 은행에서 골라 문장을 써서 숫자를 비교하세요.

36 _____ 십의 자리 3과 일의 자리 6

십의 자리 1과 일의 자리 8 _____ 십의 자리 3과 일의 자리 1

8과:　왼쪽에서 오른쪽으로 수량과 숫자를 비교하세요.

53

38 _____ 26

십의 자리 1 _____ 27
과 일의 자리 7

15 _____ 십의 자리 1
과 일의 자리 2

30 _____ 28

29 _____ 32

3. 다음 숫자를 *가장 작은 것부터 가장 큰 것*의 순서로 배열하세요. 사용한 숫자는 지우세요.

| 9   40   32   13   23 |

4. 다음 숫자를 *가장 큰 것부터 가장 것*의 순서로 배열하세요. 사용한 숫자는 지우세요.

| 9   40   32   13   23 |

5. 숫자 8, 3, 2 및 7을 사용하여 40보다 작은 4개의 두 자리 숫자를 만드세요. *가장 큰 것 부터 가장 작은 것*의 순서대로 나열하세요.

| 8   3   2   7 |
| 예: 32, 27,... |

단위 이야기

8과 마무리 평가 1•4

이름 _____   날짜 _____

1. 숫자를 *가장 큰 것*부터 *가장 작은 것*의 순서대로 나열하세요.

```
        40
  39          29
        30
```

____ ____ ____ ____

2. 단어 은행의 문구를 사용해 식의 형태를 완성하고 두 숫자를 비교해보세요.

단어 은행
```
는 ~보다 크다
는 보다 작다
는 같다
```

a. 17 _____ 24

b. 23 _____ 2십 3일

c. 29 _____ 20

8과: 왼쪽에서 오른쪽으로 수량과 숫자를 비교하세요.

읽기

칼은 돌을 모읍니다. 그는 돌 10개를 더 모았습니다. 이제 그는 돌 31개가 있습니다. 처음에는 돌이 몇 개였을까요?

    a. 자리값 차트를 사용해 칼이 처음 가지고 있던 돌은 몇 개인지 보여주세요.

    b. 다음 문구 중 하나를 사용해 칼이 처음 가지고 있던 돌 수와 마지막에 가지고 있던 돌 수를 비교하는 식을 쓰세요. *더 큰, 더 작은* 또는 *같음*.

그리기

�기

_____

_____

_____

9과: 다음 기호를 사용해 양과 숫자를 비교하세요.

9과 문제 세트

이름 _____ 날짜 _____

1. 더 큰 숫자를 먹는 *악어에* 동그라미 치세요.

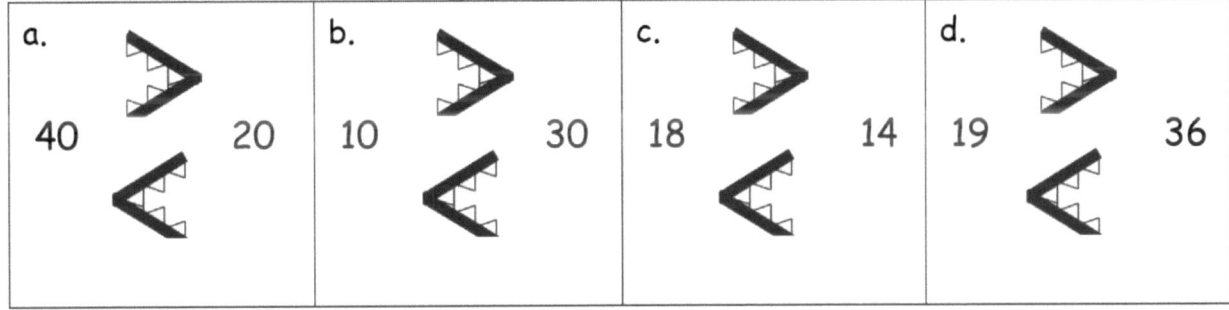

a. 40 > 20
b. 10 < 30
c. 18 > 14
d. 19 < 36

2. 악어가 *더 큰* 숫자를 먹도록 빈칸에 숫자를 쓰세요. 짝꿍과 함께 *더 큰, 더 작은,* 또는 *같음을* 사용해 소리 내어 수를 비교해보세요. 왼쪽에 있는 숫자부터 시작하는 것을 잊지 마세요.

a. 24   4
___ > ___

b. 38   36
___ < ___

c. 15   14
___ < ___

d. 20   2
___ > ___

e. 36   35
___ < ___

f. 20   19
___ > ___

g. 31   13
___ > ___

h. 23   32
___ < ___

i. 21   12
___ < ___

3. 악어가 *더 큰* 숫자를 먹는다면 동그라미 치세요. 그렇지 않으면 악어를 다시 그리세요.

a. 20 > 19

b. 32 < 23

4. 악어가 *더 큰* 숫자를 먹을 수 있도록 차트를 완성하세요.

a. | 십의 자리 | 일의 자리 |
|---|---|
| 1 | 2 |

>

십의 자리	일의 자리
	1

b. | 십의 자리 | 일의 자리 |
|---|---|
| 2 | 7 |

>

십의 자리	일의 자리
	2

c. | 십의 자리 | 일의 자리 |
|---|---|
| 2 | 5 |

>

십의 자리	일의 자리
	5

d. | 십의 자리 | 일의 자리 |
|---|---|
| | 8 |

<

십의 자리	일의 자리
3	8

e. | 십의 자리 | 일의 자리 |
|---|---|
| 2 | 1 |

>

십의 자리	일의 자리
	2

f. | 십의 자리 | 일의 자리 |
|---|---|
| 2 | 4 |

<

십의 자리	일의 자리
	4

g. | 십의 자리 | 일의 자리 |
|---|---|
| 1 | 8 |

>

십의 자리	일의 자리
	5

h. | 십의 자리 | 일의 자리 |
|---|---|
| 2 | 1 |

>

십의 자리	일의 자리
	9

i. | 십의 자리 | 일의 자리 |
|---|---|
| | 7 |

<

십의 자리	일의 자리
2	1

j. | 십의 자리 | 일의 자리 |
|---|---|
| 1 | 4 |

>

십의 자리	일의 자리
	4

단위 이야기 | 9과 마무리 평가

이름 _____ 날짜 _____

악어가 더 큰 숫자를 먹을 수 있도록 빈칸에 숫자를 쓰세요.
짝꿍과 함께 *더 큰, 더 작은*, 또는 *같음*을 사용해 소리 내어 수를 비교해보세요. 왼쪽에 있는 숫자부터 시작하는 것을 잊지 마세요.

a. 12   10
___ > ___

b. 22   24
___ < ___

c. 17   25
___ > ___

d. 13   3
___ > ___

e. 27   28
___ > ___

f. 30   21
___ < ___

g. 12   21
___ > ___

h. 31   13
___ < ___

i. 32   23
___ < ___

9과: 다음 기호를 사용해 양과 숫자를 비교하세요.

읽기

엘레인과 마이크는 블루베리를 따고 있었습니다. 엘레인은 블루베리 19개가 있었고 10개를 먹었습니다. 마이크는 13개가 있었고 7개를 더 땄습니다. 엘레인이 몇 개를 먹고 마이크가 몇 개를 더 딴 후 엘레인와 마이크의 블루베리를 비교해보세요.

    a. 단어와 그림을 사용해 각각 블루베리가 몇 개씩 있는지 보여주세요.

    b. 식에 *더 크거나 더 작은*이라는 용어를 사용하세요.

그리기

�기

_____

_____

_____

10과: 다음 기호를 사용해 양과 숫자를 비교하세요.

단위 이야기　　　　　　　　　　　　　　　　　　　　　　　10과 문제 세트　1•4

이름 _____　　　　　날짜 _____

1. 기호를 사용해 숫자를 비교하세요. 참인 수식을 만들기 위해 <, >, 또는 =으로 빈칸을 채우세요. 수식을 왼쪽부터 오른쪽으로 읽으세요.

40 (>) 20

40은 20보다 큽니다.

18 (<) 20

18은 20보다 적습니다.

a. 27 ◯ 24	b. 31 ◯ 28	c. 10 ◯ 13
d. 13 ◯ 15	e. 31 ◯ 29	f. 38 ◯ 18
g. 27 ◯ 17	h. 32 ◯ 21	i. 12 ◯ 21

10과:　　다음 기호를 사용해 양과 숫자를 비교하세요.

2. 식을 참으로 만들기 위해 올바른 단어에 동그라미 치세요. >, <, 또는 =과 숫자를 사용해 참인 수식을 쓰세요. 첫 번째는 여러분을 위한 예시입니다.

a. 36 [는 ~보다 큽니다. / 보다 적은 / **는 같습니다.**(동그라미)] 십의 자리 3과 일의 자리 6

__36__ (=) __36__

b. 십의 자리 1과 일의 자리 4 [는 ~보다 큽니다. / 보다 적은 / 는 같습니다.] 17

_____ ( ) _____

c. 십의 자리 2와 일의 자리 4 [는 ~보다 큽니다. / 보다 적은 / 는 같습니다.] 34

_____ ( ) _____

d. 20 [는 ~보다 큽니다. / 보다 적은 / 는 같습니다.] 십의 자리 2와 일의 자리 0

_____ ( ) _____

e. 31 [는 ~보다 큽니다. / 보다 적은 / 는 같습니다.] 13

_____ ( ) _____

f. 12 [는 ~보다 큽니다. / 보다 적은 / 는 같습니다.] 21

_____ ( ) _____

g. 17 [는 ~보다 큽니다. / 보다 적은 / 는 같습니다.] 일의 자리 3과 십의 자리 1

_____ ( ) _____

h. 30 [는 ~보다 큽니다. / 보다 적은 / 는 같습니다.] 십의 자리 0과 일의 자리 30

_____ ( ) _____

10과: 다음 기호를 사용해 양과 숫자를 비교하세요.

이름 _____ 날짜 _____

식을 참으로 만들기 위해 올바른 단어에 동그라미 치세요. >, <, 또는 =과 숫자를 사용해 참인 수식을 쓰세요.

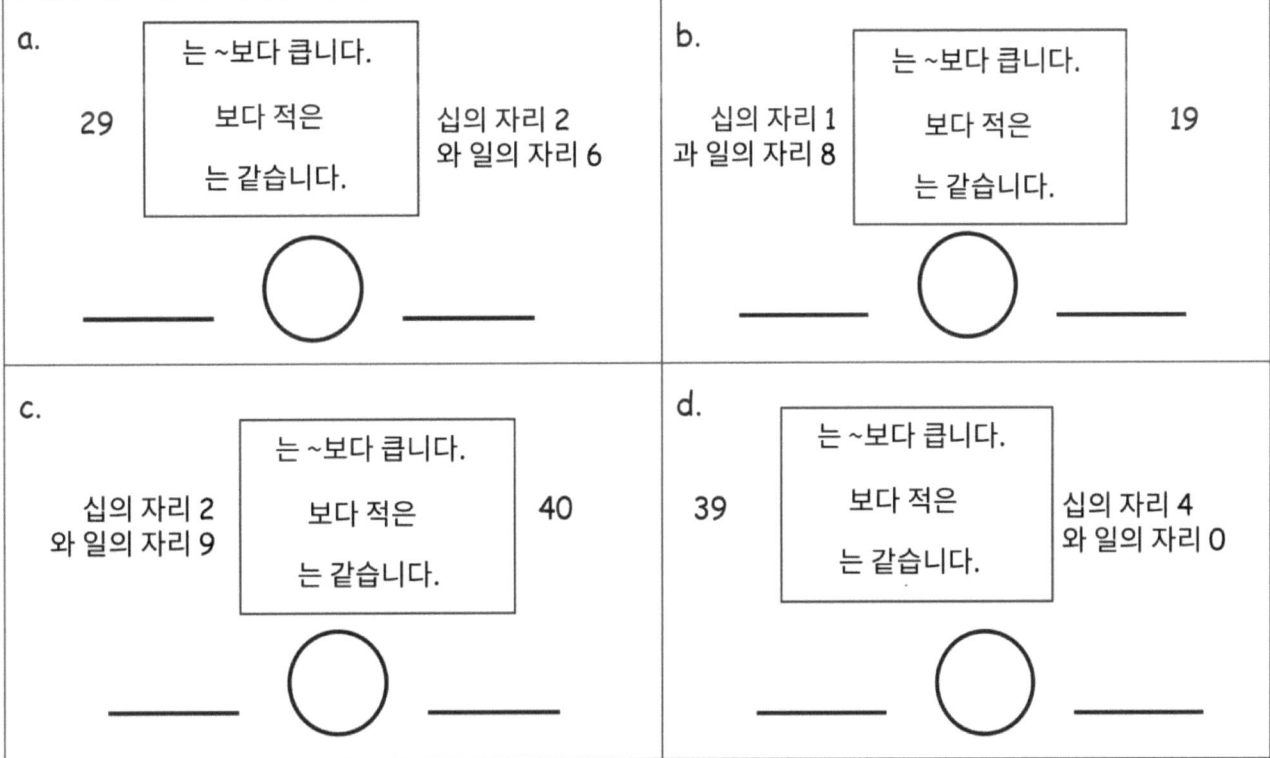

| 단위 이야기 | 11과 적용 문제 | 1•4 |

읽기

섀론은 10센트 동전 3개와 1센트 동전 1개를 갖고 있습니다. 미아는 10센트 동전 1개와 1센트 동전 3개를 갖고 있습니다. 누구의 돈이 더 큰 금액인가요?

그리기

쓰기

___

___

___

11과: 10의 배수에서 십자리 수를 더하고 빼세요.

이름 _____   날짜 _____

그림과 일치하도록 덧셈 합과 수식을 완성하세요. 첫 번째는 여러분을 위한 예시입니다.

1.

   3십 + 1십 = 4십
   30 + 10 = 40

2.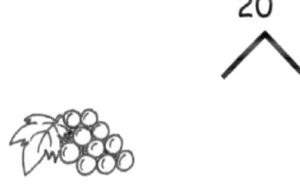

   ____십 + ____십 = ____십

   _____

3.

   ____십 = ____십 + ____십

   _____

4.

   ____십 = ____십 + ____십

   _____

5.

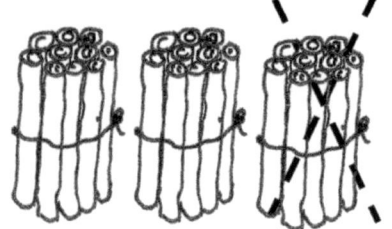

___ 십 - ___ 십 = ___ 십

_____

6.

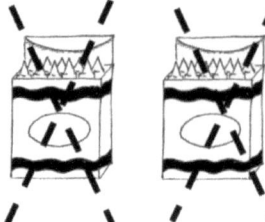

___ 십 - ___ 십 = ___ 십

_____

7.

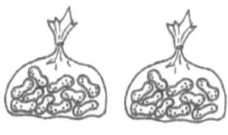

___ 십 + ___ 십 = ___ 십

_____

8.

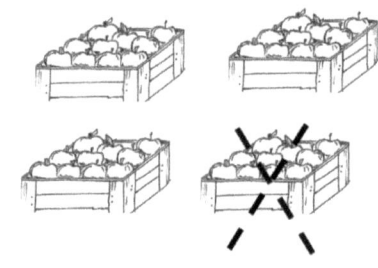

___ 십 - ___ 십 = ___ 십

___ + _____

9.

___ 십 - ___ 십 = ___ 십

_____

10.

___ 십 - ___ 십 = ___ 십

_____

11. 빠진 숫자를 채우세요. 관련 덧셈과 뺄셈 사실을 일치시키세요.

   a. 4십 - 2십 = _____   2십 + 1십 = 3십

   b. 40 − 30 = _____   30 + 10 = 40

   c. 30 − 20 = _____   20 + 20 = 40

12. 빠진 숫자를 채우세요.

   a. 20 + 20 = _____   b. 30 − 20 = _____   c. 10 + _____ = 40

   d. 20 - _____ = 0   e. 40 − _____ = 10   f. _____ + _____ = 30

11과 마무리 평가

이름 _____ 날짜 _____

덧셈 합과 수식을 완성하세요.

1.

20

1십 + 1십 = _____ 십

_____ + _____ =

2.

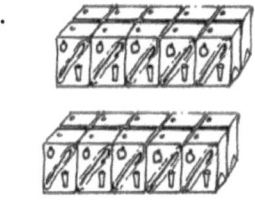

_____ 십 = _____ 십 + _____ 십

_____ = _____ + _____

3.

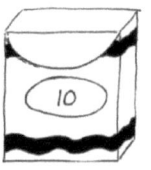  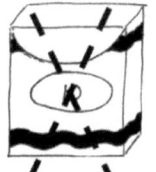

_____ 십 - _____ 십 = _____ 십

_____ - _____ = _____

4.

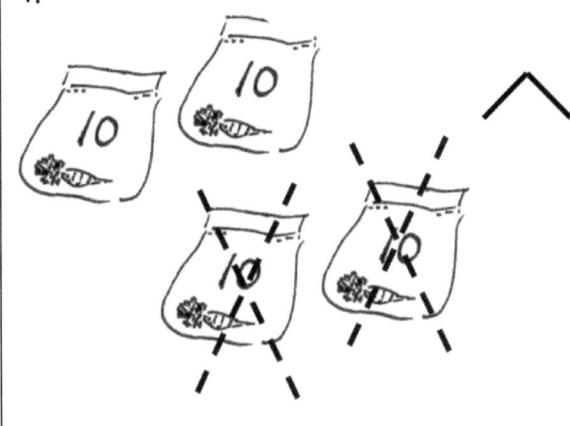

_____ 십 - _____ 십 = _____ 십

_____ - _____ = _____

십의 자리 ⃝ _____ 십의 자리 ⃝ _____ 십의 자리

덧셈 합/수식 세트

읽기

토마스는 종이 클립 한 상자를 갖고 있습니다. 그는 그 중 10개를 사용해 자신의 큰 책의 길이를 쟀습니다. 상자에는 아직도 종이 클립 20개가 남아있습니다. 화살표 경로를 사용해 처음에 상자에 종이 클립이 몇 개 있었는지 보여주세요.

그리기

�기

_____

_____

_____

12과: 두 자리 숫자에 십자리 수를 더하세요.

이름 _____   날짜 _____

빠진 숫자를 채워 그림과 일치시키세요. 일치하는 덧셈 합을 쓰세요.

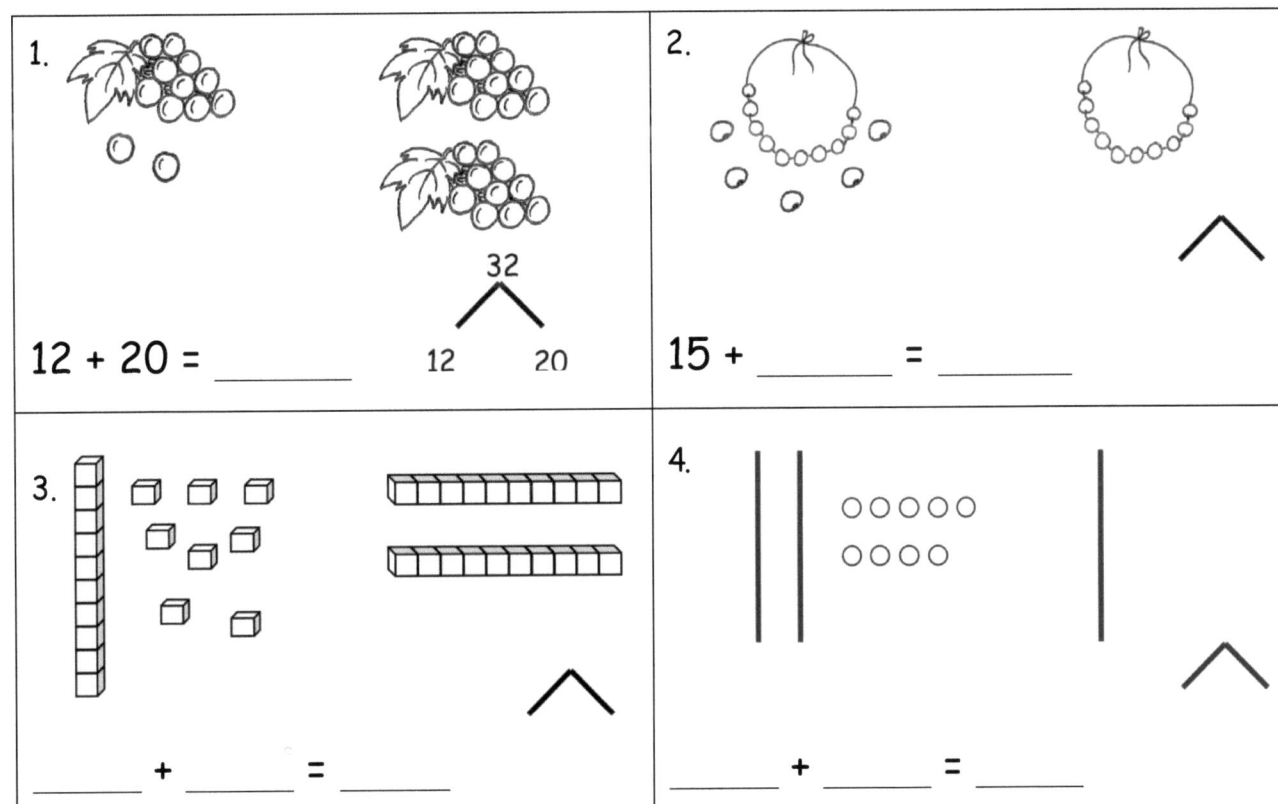

빠른 10과 1을 사용해 그리세요. 덧셈 합을 완성하고, 자리값 차트와 수식의 합을 쓰세요.

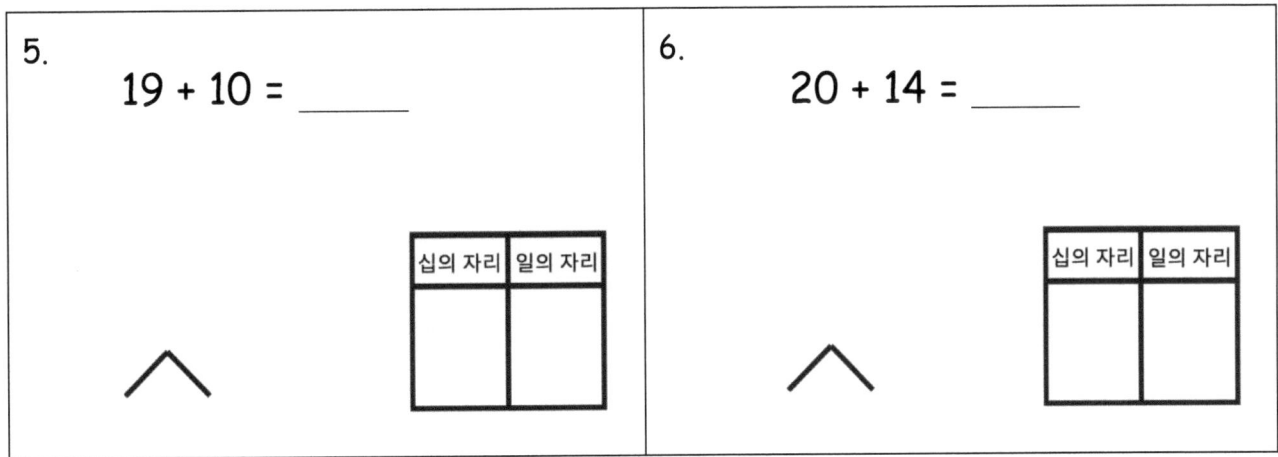

화살표 표기법을 사용해 풀어보세요.

7. 13 [+10] → _____

8. 19 [+] → 39

9. _____ [+10] → 26

10. _____ [+20] → 38

10센트 동전과 1센트 동전을 사용해 자리값 차트와 수식을 완성하세요.

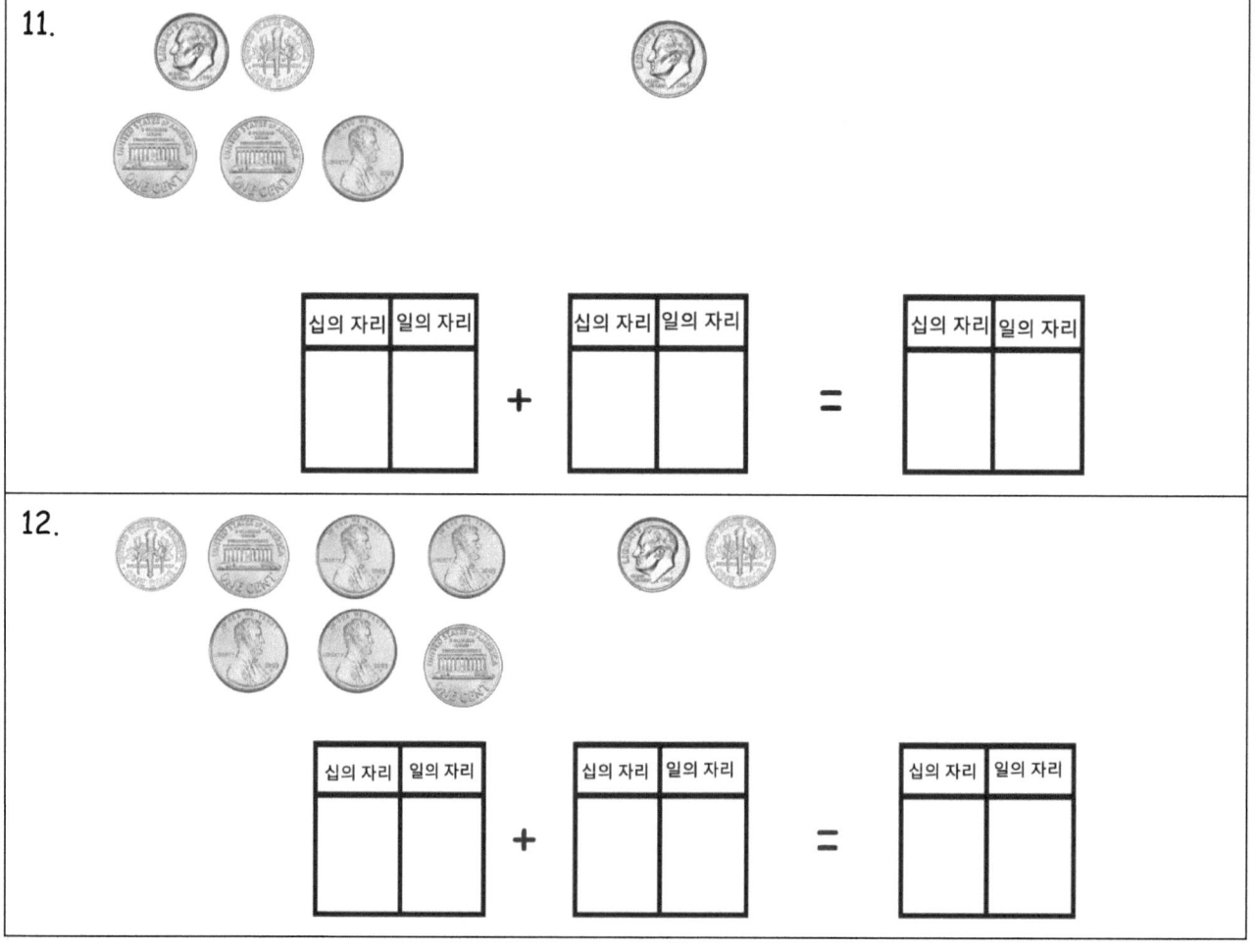

| 단위 이야기 | 12과 마무리 평가 | 1•4 |

이름 _____ 날짜 _____

수식을 완성하세요. 빠른 10, 화살표 경로 또는 동전을 사용해 생각을 보여주세요.

28 + 10 = _____

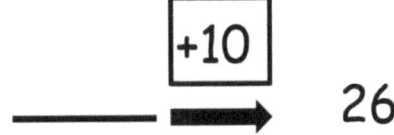

19　[+]　39

14 + 20 = _____

[+10ㅁ]

_____ → 26

12과: 두 자리 숫자에 십자리 수를 더하세요.

읽기

문제를 풀기 위해 읽기, 연결된 정육면체와 RDW 프로세스를 사용해 문제 하나 이상을 풀어보세요.

읽기

a. 에미는 파란색 정육면체 4개와 빨간색 정육면체 2개가 있는 연결된 정육면체 기차를 갖고 있었습니다. 그녀의 기차에는 큐브 몇 개가 있었나요?

b. 에미는 노란 정육면체 6개와 초록색 정육면체 몇 개로 기차를 한 대 더 만들었습니다. 기차는 연결된 정육면체 9개로 만들어졌습니다. 그녀가 사용한 초록생 정육면체는 몇 개일까요?

c. 에미는 연결된 정육면체 9개로 된 기차를 정육면체 15개로 된 기차로 만들고 싶습니다. 에미가 필요한 정육면체는 몇 개일까요?

그리기

�기

_____

_____

_____

13과 문제 세트

이름 _____ 날짜 _____

그림을 사용해 자리값 차트와 수식을 완성하세요. 문제 5와 6의 경우, 문제를 해결하는 데 도움이 되도록 빠른 10 그리기를 만들어보세요.

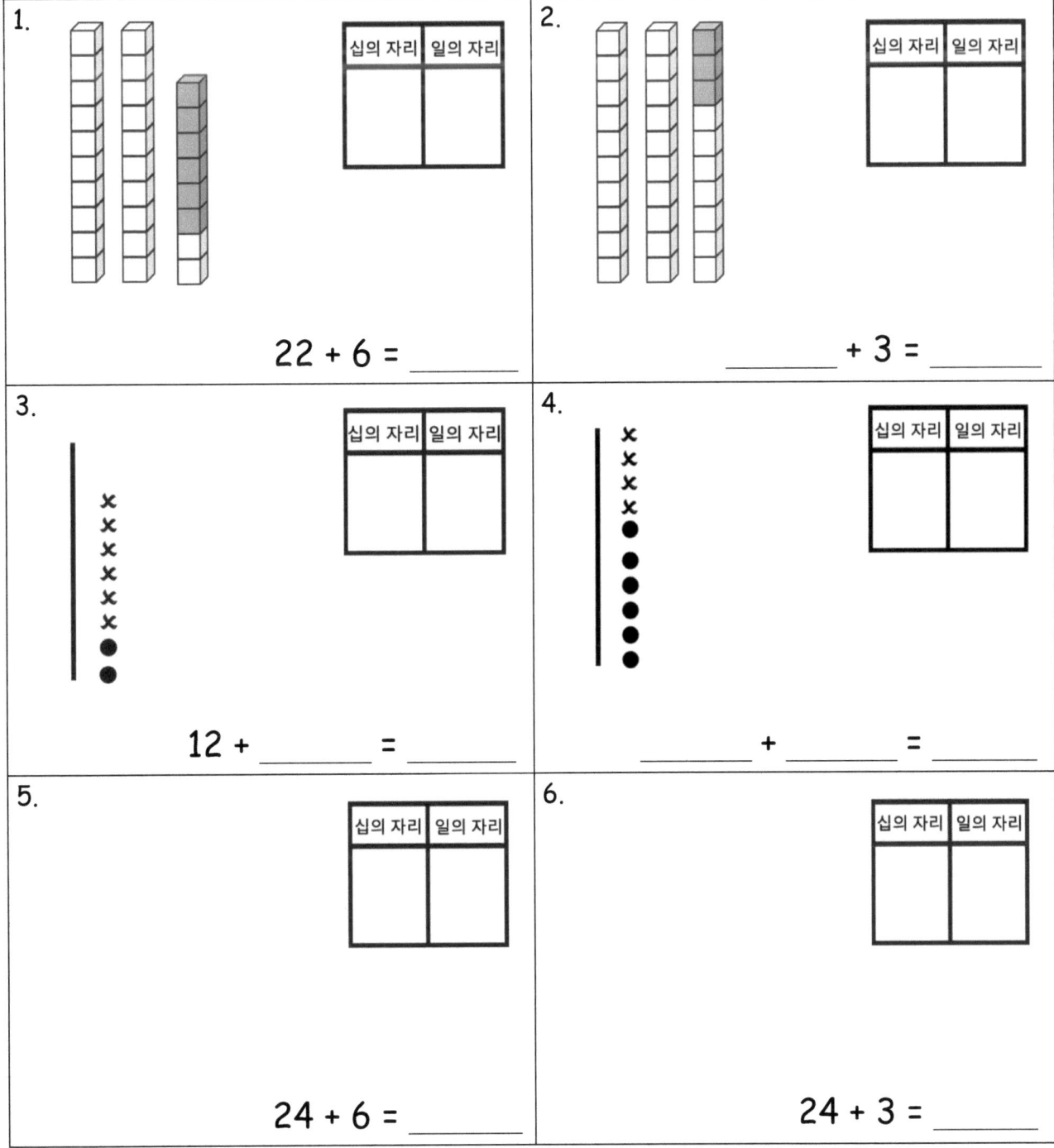

13과: 더하여 10을 만들 때는 확신을 가지고 10을 만들어 계산해보세요.

| 단위 이야기 | 13과 문제 세트 | 1·4 |

빠른 10, 1을 그리고 수식을 그려 풀어보세요. 자리값 차트를 완성하세요.

7.

21 + 9 = _____

십의 자리	일의 자리

8.

21 + 7 = _____

십의 자리	일의 자리

9.

13 + 7 = _____

십의 자리	일의 자리

10.

26 + 4 = _____

십의 자리	일의 자리

11.

32 + 3 = _____

십의 자리	일의 자리

12.

38 + 2 = _____

십의 자리	일의 자리

13과: 더하여 10을 만들 때는 확신을 가지고 10을 만들어 계산해보세요.

이름 _____ 날짜 _____

자리값 차트를 채우고 수식을 써서 그림과 일치시키세요.

1.

_____ + _____ = _____

2.

_____ + _____ = _____

빠른 10, 1을 그리고 수식을 그려 풀어보세요. 자리값 차트를 완성하세요.

3.

33 + 6 = _____

4.

23 + 7 = _____

연결된 정육면체와 RDW 프로세스를 사용해 문제 하나 이상을 풀어보세요.

읽기

a. 에미는 정육면체 7개로 된 연결된 정육면체 기차를 갖고 있었습니다. 그녀는 기차에 정육면체 4개를 추가했습니다. 그녀의 연결된 정육면체 기차에 정육면체가 몇 개 있었나요?

b. 에미는 연결된 정육면체로 된 또 다른 기차를 만들었습니다. 그녀는 정육면체 7개로 시작해 기차 길이가 정육면체 9개가 될 때까지 더했습니다. 에미가 더한 정육면체는 몇 개일까요?

c. 에미는 연결된 정육면체로 된 기차를 하나 더 만들었습니다. 연결된 정육면체 8개로 만들어졌습니다. 정육면체 몇 개를 떼내자 기차의 길이는 연결된 정육면체 4개만큼이 되었습니다. 에미가 떼낸 정육면체는 몇 개일까요?

그리기

�기

14과: 더하여 10을 만들 때는 확신을 가지고 10을 만들어 계산해보세요.

단위 이야기 | 14과 문제 세트 | 1•4

이름 _____ 날짜 _____

그림을 사용하거나 빠른 10과 1을 그리세요. 수식과 자리값 차트를 완성하세요.

1. 18 + 1 = _____ 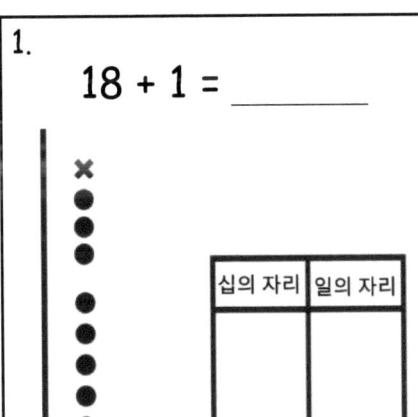	2. 18 + 2 = _____ 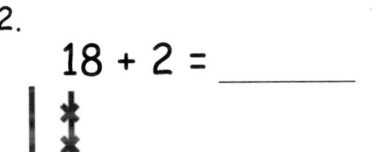	3. 18 + 5 = _____ 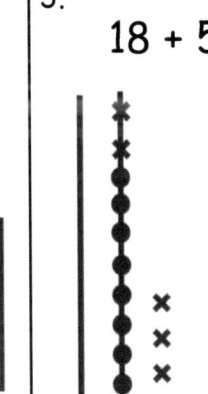
4. 29 + 1 = _____	5. 29 + 3 = _____	6. 29 + 6 = _____
7. 16 + 4 = _____	8. 16 + 6 = _____	9. 26 + 6 = _____

14과: 더하여 10을 만들 때는 확신을 가지고 10을 만들어 계산해보세요.

덧셈 합을 만들어 풀어보세요. 수식이나 화살표 경로로 생각을 보여주세요. 자리값 차트를 완성하세요.

10. 17 + 2 =

십의 자리	일의 자리

11. 17 + 5 = _____

십의 자리	일의 자리

12. 25 + 4 = _____

십의 자리	일의 자리

13. 25 + 6 = _____

십의 자리	일의 자리

14. 34 + 4 = _____

십의 자리	일의 자리

15. 34 + 8 = _____

십의 자리	일의 자리

14과: 더하여 10을 만들 때는 확신을 가지고 10을 만들어 계산해보세요.

14과 마무리 평가

이름 _____   날짜 _____

빠른 10과 1을 그리세요. 수식과 자리값 차트를 완성하세요.

1. 17 + 1 = _____

십의 자리	일의 자리

2. 17 + 3 = _____

십의 자리	일의 자리

3. 17 + 6 = _____

십의 자리	일의 자리

덧셈 합을 만들어 풀어보세요. 수식이나 화살표 경로로 생각을 보여주세요. 자리값 차트를 완성하세요.

4. 32 + 7 = _____

십의 자리	일의 자리

5. 26 + 9 = _____

십의 자리	일의 자리

14과: 더하여 10을 만들 때는 확신을 가지고 10을 만들어 계산해보세요.

RDW 프로세스를 사용해 하나 이상의 문제를 풀어보세요.

읽기

a. 에미는 정육면체 6개로 된 연결된 정육면체 기차를 갖고 있었습니다. 그녀는 기차에 정육면체 3개를 추가했습니다. 그녀의 연결된 정육면체 기차에 정육면체가 몇 개 있었나요?

b. 에미는 연결된 정육면체로 된 또 다른 기차를 만들었습니다. 그녀는 정육면체 7개로 시작해 기차 길이가 정육면체 12개가 될 때까지 더했습니다. 에미가 더한 정육면체는 몇 개일까요?

c. 에미는 연결된 정육면체로 된 기차를 하나 더 만들었습니다. 연결된 정육면체 12개로 만들어졌습니다. 정육면체 몇 개를 떼내자 기차의 길이는 연결된 정육면체 4개만큼이 되었습니다. 에미가 떼낸 정육면체는 몇 개일까요?

그리기

쓰기

단위 이야기 13과 문제 세트 1·4

이름 _____ 날짜 _____

문제를 풀어보세요.

1. 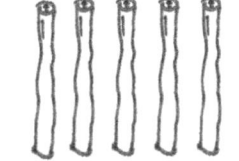 5 + 3 = ____

2. 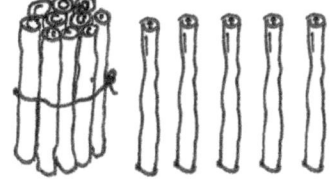 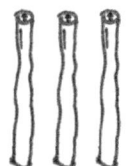 15 + 3 = ____

3. 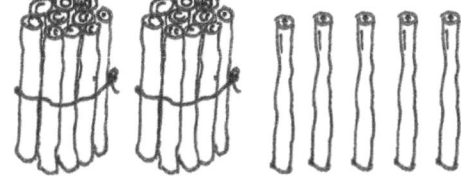 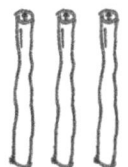 25 + 3 = ____

4. 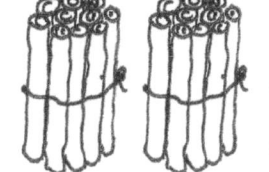 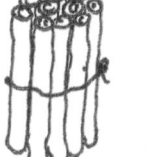 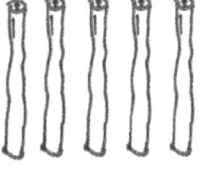 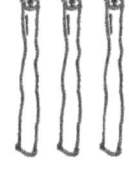 35 + 3 = ____

5.   8 + 4 = ____

6. 18 + 4 = ____

7.   28 + 4 = ____

13과: 한 자리 수 합계를 사용해 40까지의 유사 합계를 푸는 방법을 알아보세요.

8. 문제를 풀어보세요.

a. 6 + 2 = ____	b. 16 + 2 = ____	c. 26 + 2 = ____	d. 36 + 2 = ____
e. 6 + 4 =	f. 16 + 4 = ____	g. 26 + 4 = ____	h. 36 + 4 = ____
i. 9 + 2 = ____	j. 19 + 2 = ____	k. 29 + 2 = ____	
l. 8 + 6 = ____	m. 18 + 6 = ____	n. 28 + 6 = ____	

문제를 풀어보세요. 푸는 데 도움이 된 1자리 수 덧셈식을 보여주세요.

9. 23 + 6 = _____   _____

10. 27 + 6 = _____   _____

이름 _____ 날짜 _____

1. 문제를 풀어보세요.

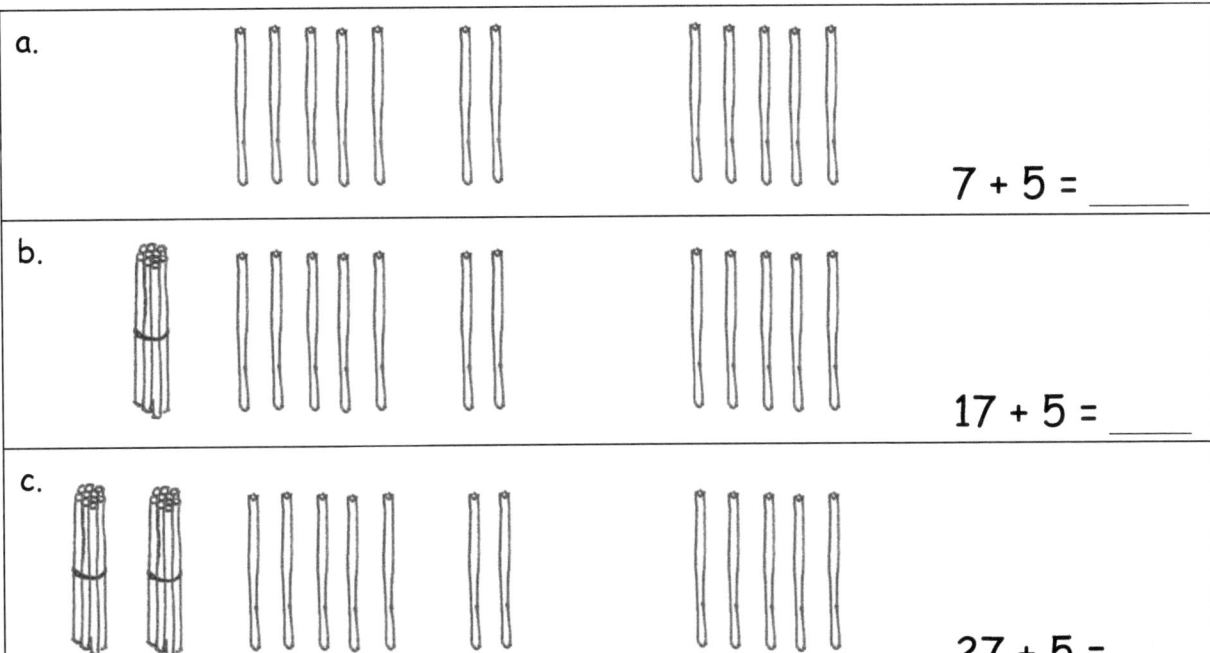

a. 7 + 5 = ____

b. 17 + 5 = ____

c. 27 + 5 = ____

문제를 풀어보세요.

2. a. 5 + 3 = _____   3. a. 5 + 8 = _____

   b. 15 + 3 = _____   b. 15 + 8 = _____

   c. 25 + 3 = _____   c. 25 + 8 = _____

   d. 35 + 3 = _____

단위 이야기 | 16과 적용 문제 | 1•4

RDW 프로세스를 사용해 연결된 정육면체 없이 문제를 하나 이상 풀어보세요.

읽기

a. 에미는 파란색 정육면체 14개와 빨간색 정육면체 2개가 있는 연결된 정육면체 기차를 갖고 있었습니다. 그녀의 기차에는 큐브 몇 개가 있었나요?

b. 에미는 노란 정육면체 16개와 초록색 정육면체 몇 개로 기차를 한 대 더 만들었습니다. 기차는 연결된 정육면체 19개로 만들어졌습니다. 그녀가 사용한 초록색 정육면체는 몇 개일까요?

c. 에미는 연결된 정육면체 8개로 된 기차를 정육면체 17개로 된 기차로 만들고 싶습니다. 에미가 필요한 정육면체는 몇 개일까요?

그리기

�기

_____

_____

_____

| 단위 이야기 | 16과 문제 세트 | 1•4 |

이름 _____   날짜 _____

덧셈 문제를 푸는 데 도움이 되도록 빠른 10, 1을 그려보세요.

1. 16 + 3 = ____	2. 17 + 3 = ____
3. 18 + 20 = ____	4. 31 + 8 = ____
5. 3 + 14 = ____	6. 6 + 30 = ____
7. 23 + 7 = ____	8. 17 + 3 = ____

16과: 일 자리 수에 일 자리 수를 더하거나 십자리 수에 십자리 수를 더하세요.

짝꿍과 함께 빠른 10 그리기, 덧셈 합 또는 화살표 경로를 사용해 더 많은 문제를 풀어보세요.

9. 32 + 7 = _____

10. 13 + 20 = _____

11. 6 + 34 = _____

12. 4 + 36 = _____

13. 20 + 18 = _____

14. 14 + 20 = _____

15. 덧셈 문제를 푸는 데 도움이 되도록 10센트 동전과 1센트 동전을 그리세요.

a. 16 + 20 = _____	b. 22 + 7 = _____

단위 이야기 | 16과 마무리 평가 | 1·4

이름 _____   날짜 _____

어떻게 풀었는지 보여주기 위해 빠른 10 그리기를 사용해 풀어보세요.

1. 24 + 5

2. 14 + 20

덧셈 합을 그려서 풀어보세요.

3. 19 + 20

4. 36 + 3

5. 덧셈 문제를 푸는 데 도움이 되도록 10센트 동전과 1센트 동전을 그리세요.

13 + 20

16과: 일 자리 수에 일 자리 수를 더하거나 십자리 수에 십자리 수를 더하세요.

107

| 단위 이야기 | 17과 적용 문제 | 1•4 |

RDW 프로세스를 사용해 하나 이상의 문제를 풀어보세요.

읽기

a. 벤은 물고기 7마리가 있었습니다. 그는 가게에서 물고기 4마리를 샀습니다. 벤은 물고기 몇 마리가 있나요?

b. 마리아는 오늘 아침에 어항에 물고기 7마리가 있었습니다. 그녀는 더 많은 물고기를 샀고 지금은 9마리를 갖고 있습니다. 그녀가 산 물고기는 몇 마리인가요?

c. 앤톤은 물고기 8마리가 있었습니다. 물고기 일부가 죽어서 이제 앤톤은 4마리를 가지고 있습니다. 몇 마리의 물고기가 죽었을까요?

그리기

�기

_____

_____

_____

단원 이야기 17과 문제 세트 1•4

이름 _____   날짜 _____

빠른 10과 1 또는 덧셈 합을 그려 문제를 풀어보세요.

1. 25 + 1 = _____	2. 25 + 10 = _____
3. 15 + 4 = _____	4. 15 + 20 = _____
5. 16 + 7 = _____	6. 26 + 7 = _____
7. 23 + 7 = _____	8. 33 + 7 = _____

17과: 일 자리 수에 일 자리 수를 더하거나 십자리 수에 십자리 수를 더하세요.

| 9. 16 + 20 = _____ | 10. 6 + 24 = _____ |

11. 짝꿍과 더 많은 문제를 풀어보세요. 개인 화이트 보드를 사용해 문제를 풀어보세요.

   a. 4 + 26   b. 28 + 4

   c. 32 + 7   d. 20 + 18

   e. 9 + 23   f. 9 + 27

빠른 10 그리기로 푼 문제 하나를 선택해 이야기 나눌 준비를 하세요.

덧셈 합을 사용해 푼 문제 하나를 선택해 이야기 나눌 준비를 하세요.

17과 마무리 평가

이름 _____   날짜 _____

빠른 10 그리기 또는 덧셈 합을 사용해 총합을 찾으세요.

1. 17 + 8 = _____	2. 28 + 7 = _____
3. 24 + 10 = _____	4. 19 + 20 = _____

17과: 일 자리 수에 일 자리 수를 더하거나 십자리 수에 십자리 수를 더하세요.

RDW 프로세스를 사용해 문제 중 하나 또는 모두를 풀어보세요.

읽기

a. 오리 몇 마리가 연못에 있습니다. 아기 오리 4마리가 합류했습니다. 이제 연못에는 오리 6마리가 있습니다. 처음 연못에 있던 오리는 몇 마리일까요?

b. 개구리 몇 마리가 연못에 있습니다. 세 마리가 뛰어 내려 이제 연못에 개구리 5 마리가 있습니다. 처음 연못에 있던 개구리는 몇 마리일까요?

그리기

�기

_____

_____

_____

18과: 두 자리 수 덧셈을 위한 친구들의 전략을 서로 나눠보고 평가해보세요.

이름 _____   날짜 _____

1. 각 해답 풀이는 그림의 빠진 숫자 또는 부분입니다. 각각을 정확하고 완전하도록 수정하세요.

$$13 + 8 = 21$$

a.
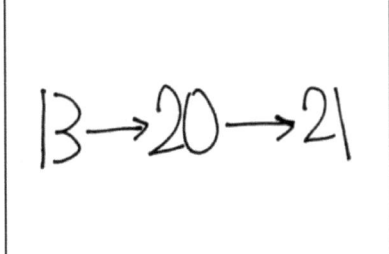

b.
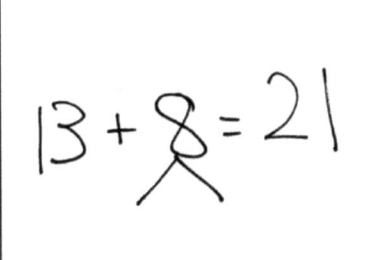

c.
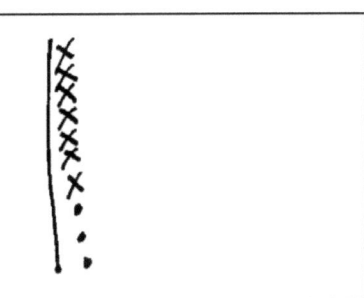

2. 덧셈 문제를 올바르게 푼 학생 과제에 동그라미 치세요.

$$16 + 5$$

a.

$$16 + 5 = 21$$
$$16 + 4 = 20$$
$$20 + 1 = 21$$

b.
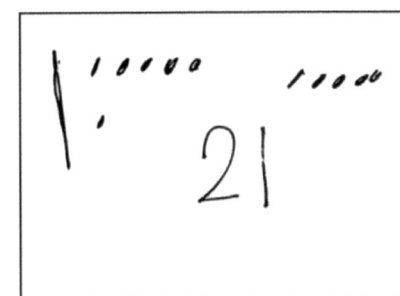

c.
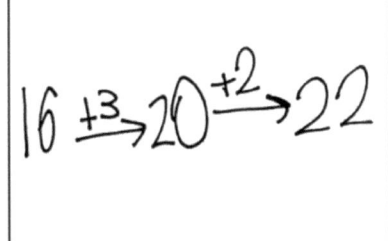

d. 잘못 푼 문제를 아래에 있는 빈칸에 일치하는 수식으로 새로 풀어서 고쳐보세요.

3. 덧셈 문제를 올바르게 푼 학생 과제에 동그라미 치세요.

13 + 20

a.

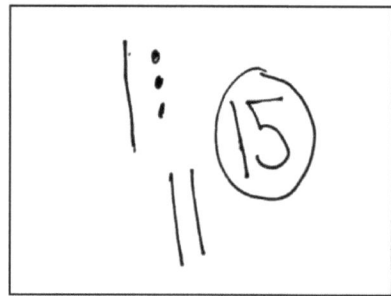

b.

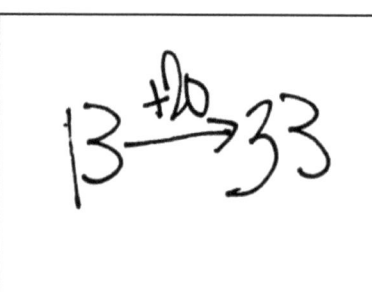

c.

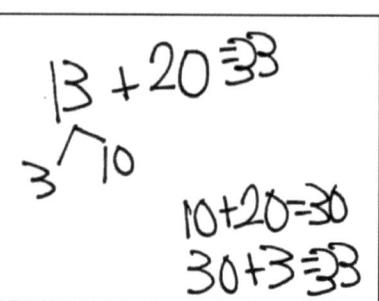

d. 아래 공간에 일치하는 수식으로 새 그림을 그려서 잘못된 답을 수정하세요.

4. 빠른 10, 화살표 경로 또는 덧셈 합을 사용해 풀어보세요.

17 + 5 = ___

짝꿍과 서로 공유하세요. 왜 이런 방법으로 풀기로 한 지 이야기를 나눠보세요.

이름 _____   날짜 _____

덧셈 문제를 올바르게 푼 해설에 동그라미 치세요.

17 + 9

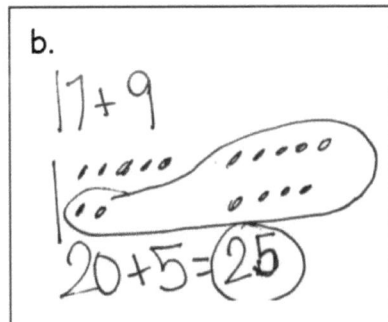

d. 아래 공간에 일치하는 수식으로 새 그림을 그려서 잘못된 답을 수정하세요.

단위 이야기 | 19과 문제 세트 | 1·4

이름 _____ 날짜 _____

서술 문제를 읽어보세요.
막대 다이어그램과 라벨을 그리세요.
이야기에 맞는 수식과 설명을
써보세요.

1. 리는 자신의 정원에서 자라는 호박 6개와 서양 호박 7개를 보았습니다. 정원에서 자라는 채소는 몇 개일까요?

   리는 채소 _____ 개를 보았습니다.

2. 키아나는 도마뱀 6마리를 잡았습니다. 그녀의 오빠는 뱀 6마리를 잡았습니다. 그들이 갖고 있는 파충류는 모두 몇 마리일까요?

   키아나와 그녀의 오빠는 _____ 파충류 마리를 갖고 있습니다.

3. 앤톤의 팀은 축구공 12개이 경기장에, 축구공 3개가 감독님 가방에 있습니다. 앤톤의 팀이 갖고 있는 축구공은 몇 개일까요?

   앤톤의 팀은 축구공 _____ 개를 갖고 있습니다.

19과: 막대 다이어그램으로 표현해 알 수 없는 총합으로 더하기/나누기와 결과값이 미지수인 덧셈인 서술 문제를 풀어보세요.

121

4. 에미의 친구 13명이 저녁 식사에 왔습니다. 케이크를 먹을 때 친구 4명이 더 왔습니다. 에미의 집에 온 친구는 몇 명일까요?

친구 _____ 명이 있었습니다.

5. 성인 6명과 어린이 12명이 호수에서 수영을 했습니다. 호수에서 몇 명이 수영을 했나요?

호수에서 수영하던 사람은 _____ 명이었습니다.

6. 로즈는 꽃 13송이가 있는 꽃병을 갖고 있습니다. 그녀는 꽃병에 꽃 7송이를 더 넣습니다. 꽃병에 꽃 몇 송이가 있나?

꽃병에 꽃 송이가 _____ 있습니다.

이름 _____   날짜 _____

서술 문제를 읽어보세요.
막대 다이어그램과 라벨을 그리세요.
이야기에 맞는 수식과 설명을 써보세요.

피터는 정원에서 무당벌레 14마리를 셌고 리는 정원 바깥에서 무당벌레 6마리를 셌습니다.
그들 모두가 센 무당벌레는 몇 마리인가요?

그들은 무당벌레 _____ 마리를 셌습니다.

이름 _____   날짜 _____

서술 문제를 읽어보세요.
막대 다이어그램과 라벨을 그리세요.
이야기에 맞는 수식과 설명을 써보세요.

1. 공원에서 9마리의 개가 놀고 있습니다. 더 많은 개들이 공원에 왔습니다. 그리고 개 11마리가있었습니다. 개 몇 마리가 공원에 왔을까요?

   _____ 마리가 더 공원에 왔습니다.

2. 피터와 훌리오의 바구니에 딸기 16개가 있습니다. 베드로는 그 중 8개를 먹습니다. 훌리오가 먹을 수 있는 딸기는 몇 개 남았을까요?

   훌리오가 먹을 수 있는 딸기는 _____ 개입니다.

3. 어린이 13명이 롤러코스터에 있습니다. 어른 3명이 롤러코스터에 있습니다. 롤러코스터에 있는 사람은 몇 명일까요?

   롤러코스터에 있는 사람은 _____ 명입니다.

4. 지금 롤러코스터에 있는 사람은 13명입니다. 어른 3명이 롤러코스터에 있고, 나머지는 어린이입니다. 롤러코스터에 있는 어린이는 몇 명일까요?

롤러코스터에 있는 어린이는 _____ 명입니다.

5. 벤은 이번 달 아침에 야구 연습 6번을 합니다. 만약 벤이 오후에 연습 6번이 있다면, 벤이 하는 야구 연습은 몇 번일까요?

벤은 야구 _____ 연습 번이 있습니다.

6. 탐라의 팔찌에는 노란 구슬이 몇 개 있었습니다. 그녀가 팔찌에 보라색 구슬 14개를 넣자, 구슬은 18개가 되었습니다. 처음 탐라의 팔찌에 들어있던 노란색 구슬은 몇 개일까요?

탐라의 팔찌에 _____ 있던 노란 구슬은 개입니다.

| 단위 이야기 | 20과 마무리 평가 | 1•4 |

이름 _____ 날짜 _____

서술 문제를 읽어보세요.
막대 다이어그램과 라벨을 그리세요.
이야기에 맞는 수식과 설명을 써보세요.

어항에는 거북이 6마리가 있었습니다. 아빠가 거북이 몇 마리를 더 샀습니다. 이제 12마리의 거북이가 있습니다. 아빠는 거북이 몇 마리를 샀습니까?

아빠는 거북이 _____ 마리를 샀습니다.

단위 이야기 | 21과 문제 세트 1•4

이름 _____   날짜 _____

서술 문제를 읽어보세요.
막대 다이어그램과 라벨을 그리세요.
이야기에 맞는 수식과 설명을 써보세요.

1. 로즈는 그림 7장을 그리고, 윌리는 그림 11장을 그렸습니다. 그들이 그린 그림은 모두 몇 장일까요?

   그들이 그린 그림은 _____ 장입니다.

2. 다넬은 리의 집까지 7분 동안 걸었습니다. 그런 다음 그는 공원으로 걸어 갔습니다. 다넬은 총 18분 동안 걸었습니다. 다넬이 공원까지 가는 데 몇 분이 걸렸을까요?

   다넬이 공원까지 가는 데 분이 걸렸습니다.

3. 에미는 금붕어 몇 마리를 갖고 있습니다. 탐라는 베타 물고기 14마리를 갖고 있습니다. 탐라와 에미가 갖고 있는 물고기는 모두 19마리입니다. 에미가 갖고 있는 금붕어는 몇 마리일까요?

   에미는 금붕어 _____ 마리를 갖고 있습니다.

21과 : 다양한 문제 유형을 풀 때 막대 다이어그램 내의 부분-전체 상관관계를 인식하고 활용하세요.

4. 샤니카는 블럭 14개를 사용해 블럭 타워를 지었습니다. 그런 다음 타워에 블럭 4개를 더 올렸습니다. 지금 타워에는 블럭 몇 개가 있을까요?

타워는 블럭 _____ 개로 만들어졌습니다.

5. 니킬의 타워 높이는 블럭 15개입니다. 그는 타워에 블럭 몇 개를 더 올렸습니다. 그의 탑의 높이는 지금 블럭 18개입니다. 니킬이 더 쌓은 블럭은 몇 개일까요?

니킬이 더 쌓은 블럭은 _____ 개입니다.

6. 벤과 피터는 올챙이 17마리를 잡았습니다. 그들은 몇 마리를 앤톤에게 주었습니다. 올챙이 4마리가 남았습니다. 그들은 앤톤에게 준 올챙이는 몇 마리일까요?

그들은 앤톤에게 올챙이 _____ 마리를 주었습니다.

단위 이야기 | 21과 마무리 평가 | 1•4

이름 _____ 날짜 _____

서술 문제를 읽어보세요.
막대 다이어그램과 라벨을 그리세요.
이야기에 맞는 수식과 설명을 써보세요.

샤니카는 월요일에 몇 페이지를 읽었습니다. 화요일에 그녀는 6페이지를 읽었습니다. 그녀는 2일 동안 13페이지를 읽었습니다. 그녀는 월요일에 몇 페이지를 읽었나요?

샤니카는 월요일에 _____ 페이지를 읽었습니다.

이름 _____   날짜 _____

막대 다이어그램을 사용해 다양한 서술 문제점을 쓰세요. 필요한 경우 단어 은행을 쓰세요. 이야기를 쓴 후 모델에 표시하는 것을 잊지 마세요.

주제 (명사)		
꽃	금붕어	도마뱀
스티커	로켓	자동차
개구리	크래커	구슬

동작 (동사)		
숨다	먹다	내쫓다
주다	그리다	가지다
수집하다	짓다	놀다

1.

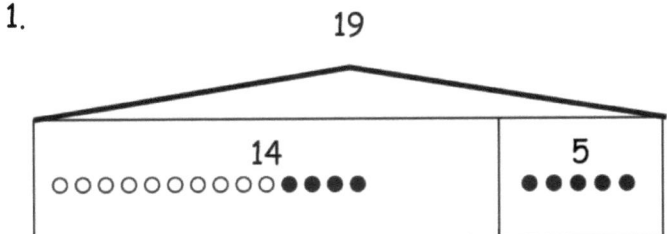

2.

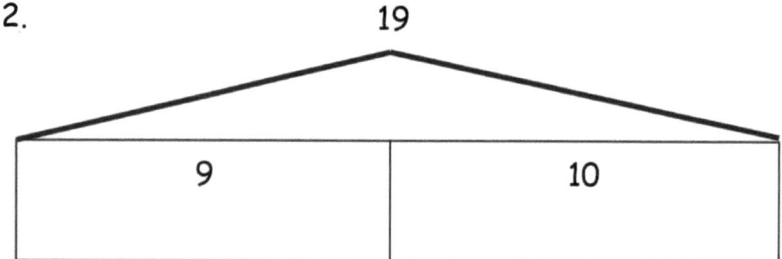

3.

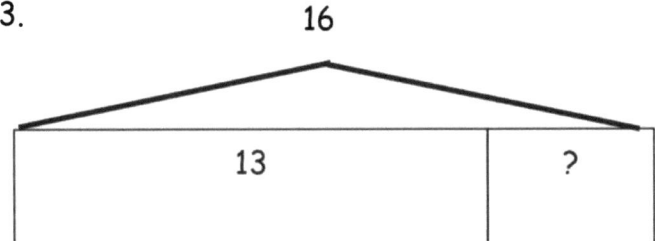

4.

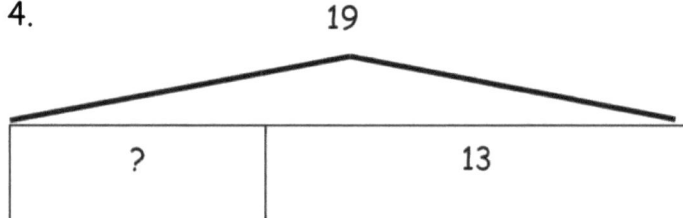

이름 _____   날짜 _____

막대 다이어그램과 일치하는 이야기 문제 2개에 동그라미 치세요.

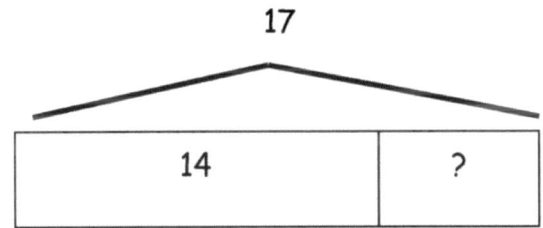

a. 피크닉 담요에 개미 14마리가 있습니다. 그런 다음 개미 몇 마리가 더 왔습니다. 이제 피크닉 담요에 개미 17마리가 있습니다. 개미가 몇 마리가 왔을까요?

b. 한 반에 있는 14명의 어린이가 놀이터에 있습니다. 그런 다음 다른 반에 있는 어린이 17명이 놀이터에 왔습니다. 지금 놀이터에 있는 어린이는 몇 명인가요?

c. 접시 포도 17송이가 있었습니다. 윌리는 포도 14송이를 먹었습니다. 이제 접시에 있는 포도는 몇 송이인가요?

단위 이야기 | 23과 적용 문제 | 1•4

읽기

킴은 무른 연필 10자루를 집고 그것을 컵에 넣습니다. 벤은 그가 컵에 더 넣은 연필 10자루가 담긴 패키지 하나를 갖고 있습니다. 컵에 있는 연필은 몇 자루일까요?

그리기

쓰기

_____

_____

_____

23과: 숫자가 9보다 큰 경우를 포함해 두 자리 수를 십자리 수와 일자리 수로 해석하세요.

이름 _____   날짜 _____

1. 빈칸 채우고 같은 양을 보여주는 쌍을 일치시키세요.

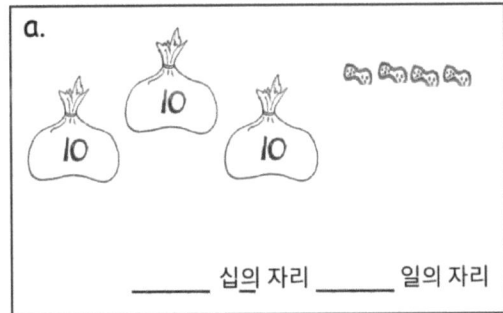
_____ 십의 자리 _____ 일의 자리

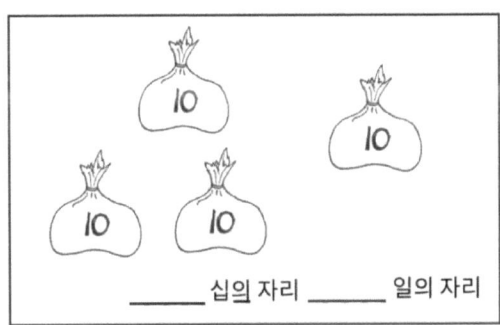
_____ 십의 자리 _____ 일의 자리

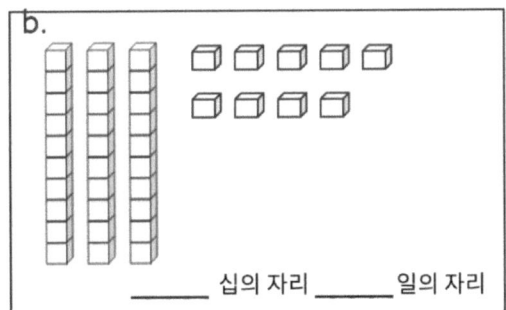
_____ 십의 자리 _____ 일의 자리

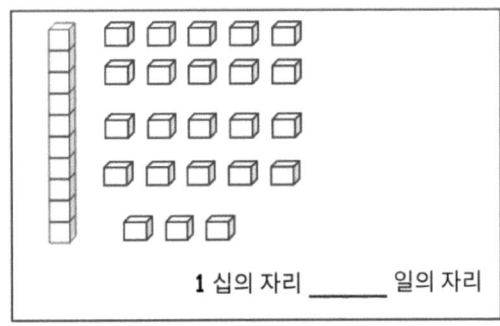
1 십의 자리 _____ 일의 자리

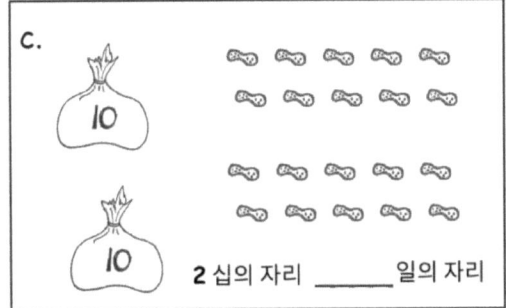
2 십의 자리 _____ 일의 자리

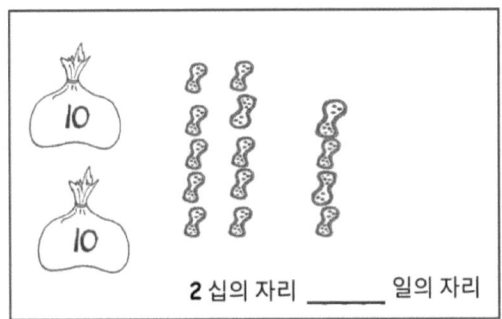
2 십의 자리 _____ 일의 자리

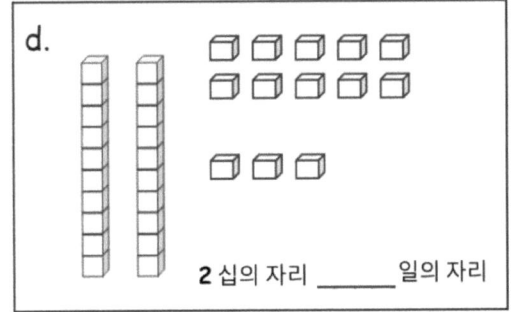
2 십의 자리 _____ 일의 자리

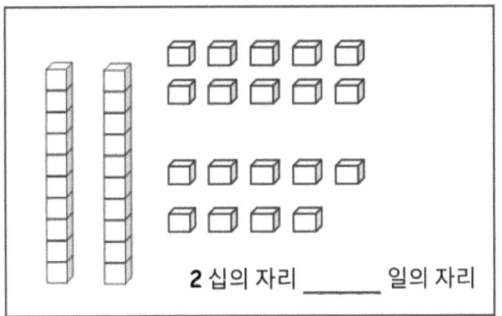
2 십의 자리 _____ 일의 자리

23과: 숫자가 9보다 큰 경우를 포함해 두 자리 수를 십자리 수와 일자리 수로 해석하세요.

2. 동일한 양을 표시하는 자리값 차트를 일치시키세요.

a.
십의 자리	일의 자리
2	2

십의 자리	일의 자리
3	6

b.
십의 자리	일의 자리
2	16

십의 자리	일의 자리
3	4

c.
십의 자리	일의 자리
2	14

십의 자리	일의 자리
1	12

3. 각 식이 참인지 확인하세요.

☐ a. 27은 1십 17과 같습니다.

☐ b. 33은 2십 23과 같습니다.

☐ c. 37은 2십 17과 같습니다.

☐ d. 29는 1십 19와 같습니다.

4. 리는 35는 2십과 15와 같다고 말하고 마리아는 35는 1십과 25와 같다고 말합니다. 빠른 10을 그려 리와 마리아 중 누가 옳은지 보여주세요.

이름 _____ 날짜 _____

1. 동일한 양을 표시하는 자리값 차트를 일치시키세요.

   a. | 십의 자리 | 일의 자리 |
       |---|---|
       | 2 | 12 |

십의 자리	일의 자리
2	16

   b. | 십의 자리 | 일의 자리 |
       |---|---|
       | 2 | 8 |

십의 자리	일의 자리
1	18

   c. | 십의 자리 | 일의 자리 |
       |---|---|
       | 3 | 6 |

십의 자리	일의 자리
3	2

2. 탐라는 24는 1십과 14와 같고 윌리는 24는 2십과 14와 같다고 말합니다. 빠른 10 그리기로 탐라와 윌리 중 누가 맞는지 보여주세요.

23과: 숫자가 9보다 큰 경우를 포함해 두 자리 수를 십자리 수와 일자리 수로 해석하세요.

읽기

개는 자신의 개집 뒤에 뼈 11개를 숨깁니다. 나중에 그의 주인은 그에게 뼈 5개를 더 주었습니다. 개는 지금 뼈 몇 개를 가지고 있습니까?

확장: 모든 뼈는 갈색 또는 흰색입니다. 갈색 뼈와 흰색 뼈의 수는 같습니다. 개가 갖고 있는 갈색 뼈는 몇 개인가요?

그리기

�기

___

___

___

단위 이야기

24과 문제 세트 1·4

이름 _____ 날짜 _____

1. 덧셈 합을 사용해 풀어보세요. 10을 먼저 추가했다는 것을 보여주는 수식 두 개를 쓰세요. 도움이 된다면 빠른 10을 그리세요.

a.
14 + 13 = ____
  /\
 10 3

14 + 10 = 24

24 + 3 = 27

b.
13 + 24 = ____
  /\
 10 3

24 + 10 = ____

____ + 3 = ____

c.
16 + 13 = ____
  /\
 10 3

16 + 10 = ____

____ + 3 = ____

d.
13 + 26 = ____
  /\
 10 3

26 + 10 = ____

____ + ____ = ____

e.
15 + 15 = ____
  /\
 10 5

____ + ____ = ____

____ + ____ = ____

f.
15 + 25 = ____
  /\

____ + ____ = ____

____ + ____ = ____

24과: 한 자리 수가 그 합이 10보다 작거나 같은 경우 두 자리 숫자 쌍을 추가하세요.

2. 덧셈 합 또는 화살표 경로를 사용해 풀어보세요. 파트 (a)는 여러분을 위해 이미 시작되었습니다.

a. 15 + 13 = ____

   10   3

b. 14 + 23 = ____

c. 16 + 14 = ____

d. 14 + 26 =

e. 21 + 17 = ____

f. 17 + 23 = ____

g. 21 + 18 = ____

h. 18 + 12 = ____

단위 이야기   24과 마무리 평가   1•4

이름 _____   날짜 _____

덧셈 합을 사용해 풀어보세요. 10을 먼저 추가했다는 것을 보여주는 수식 두 개를 쓰세요.

1. 13 + 26 =

    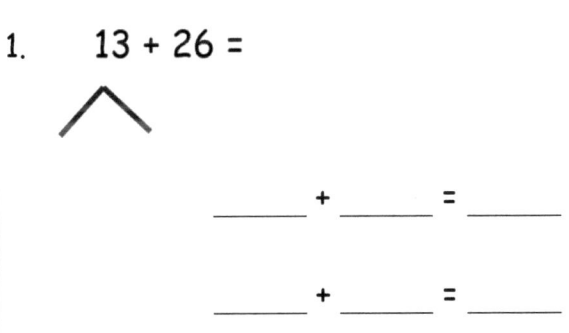

    ____ + ____ = ____

    ____ + ____ = ____

2. 19 + 21 =

    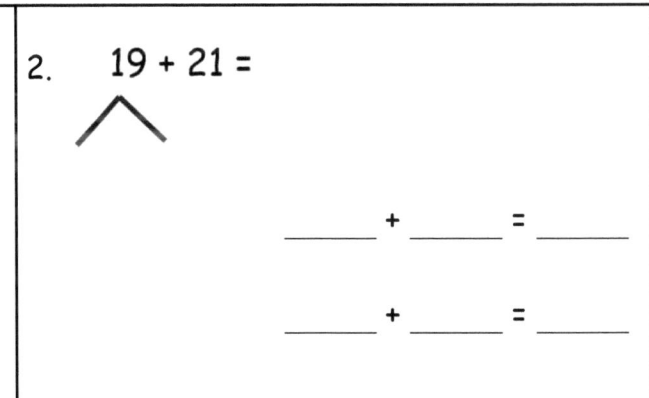

    ____ + ____ = ____

    ____ + ____ = ____

24과: 한 자리 수가 그 합이 10보다 작거나 같은 경우 두 자리 숫자 쌍을 추가하세요.

읽기

다람쥐는 나무 아래에 도토리 11개를 숨깁니다. 나중에 그는 도토리 5 개를 친구에게 줍니다. 다람쥐가 갖고 있는 도토리는 몇 개일까요?

확장: 다람쥐는 처음 갖고 있던 것에 비해 지금 갖고 있는 도토리의 양이 두 배입니다. 다람쥐가 갖고 있는 도토리는 몇 개인가요?

그리기

쓰기

___

___

___

25과: 한 자리 수가 그 합이 10보다 작거나 같은 경우 두 자리 숫자 쌍을 추가하세요.

이름 _____ 날짜 _____

1. 덧셈 합을 사용해 풀어보세요. 이번에는 십자리 수를 먼저 더하세요. 어떻게 했는지 보여주는 수식 2개를 쓰세요.

a. 11 + 14 = _____

b. 21 + 14 = _____

c. 14 + 15 = _____

d. 26 + 14 = _____

e. 26 + 13 = _____

f. 13 + 24 = _____

25과 : 한 자리 수가 그 합이 10보다 작거나 같은 경우 두 자리 숫자 쌍을 추가하세요.

2. 덧셈 합을 사용해 풀어보세요. 이번에는 먼저 일자리 수를 더하세요. 어떻게 했는지 보여주는 수식 2개를 쓰세요.

a. 29 + 11 = _____	b. 17 + 13 = _____
c. 14 + 16 = _____	d. 26 + 13 = _____
e. 28 + 11 = _____	f. 12 + 27 = _____
g. 18 + 12 = _____	h. 22 + 18 = _____

25과 : 한 자리 수가 그 합이 10보다 작거나 같은 경우 두 자리 숫자 쌍을 추가하세요.

| 단위 이야기 | 25과 마무리 평가 | 1•4 |

이름 _____   날짜 _____

덧셈 합을 사용해 풀어보세요. 어떻게 했는지 보여주는 수식 2개를 쓰세요.

a. 12 + 27 = _____	b. 21 + 19 = _____

25과: 한 자리 수가 그 합이 10보다 작거나 같은 경우 두 자리 숫자 쌍을 추가하세요.

읽기

2월에는 7일 동안, 3월에는 같은 일수 동안 눈이 내렸습니다. 이 2개월 동안 며칠 동안 눈이 내렸나요?

확장: 1월에는 눈이 3일 동안 내렸습니다. 3개월 동안 며칠 동안 눈이 내렸나요? 2월에는 1월보다 며칠 더 눈이 왔나요?

그리기

�기

이름 _____ 날짜 _____

1. 덧셈 합을 사용해 풀어 십을 먼저 더하세요. 도움이 된 덧셈식 2개를 쓰세요.

a. 18 + 14 = ____
    10   4

    18 + 10 = 28

    28 + 4 = 32

b. 14 + 17 = ____
    10   4

    17 + 10 = 27

    27 + 4 = 31

c. 19 + 15 = ____
    10   5

    19 + 10 = ____

    ____ + 5 = ____

d. 18 + 15 = ____
    10   5

    18 + 10 = ____

    ____ + 5 = ____

e. 19 + 13 = ____
    10   3

    19 + 10 = ____

    ____ + ____ = ____

f. 19 + 16 = ____
    10   6

    19 + 10 = ____

    ____ + ____ = ____

2. 덧셈 합을 사용해 풀어 십을 먼저 만드세요. 도움이 된 수식 2개를 쓰세요.

a. 19 + 14 = _____
   ∧
   1   13

   19 + 1 = 20
   20 + 13 = 33

b. 18 + 13 = _____
   ∧
   2   11

   18 + 2 = 20
   20 + 11 = 31

c. 18 + 14 = _____
   ∧
   2   12

   18 + 2 = _____
   20 + 12 = _____

d. 18 + 16 = _____
   ∧
   2   14

   18 + 2 = _____
   _____ + 14 = _____

e. 15 + 17 = _____
   ∧
   12   3

   _____ + 3 = _____
   _____ + 12 = _____

f. 17 + 18 = _____
   ∧
   15   2

   _____ + _____ = _____
   _____ + _____ = _____

단위 이야기   **26과 마무리 평가**

이름 _____ 날짜 _____

1. 덧셈 합을 사용해 풀어 십을 먼저 더하세요. 도움이 된 수식 2개를 쓰세요.

a. 15 + 19 = _____
∧

____ + ____ = ____

____ + ____ = ____

b. 19 + 17 = _____
∧

____ + ____ = ____

____ + ____ = ____

2. 덧셈 합을 사용해 풀어 십을 먼저 만드세요. 도움이 된 수식 2개를 쓰세요.

a. 15 + 19 = _____
∧

____ + ____ = ____

____ + ____ = ____

b. 19 + 17 = _____
∧

____ + ____ = ____

____ + ____ = ____

26과: 한 자리 수가 그 합이 10보다 큰 경우 두 자리 숫자 쌍을 추가하세요.

읽기

겨울에는 14일 동안 눈이 내렸습니다. 어떤 날에는 집에 있어야 했습니다. 눈오는 날 중 9일 동안 학교에 가야 했습니다. 며칠 동안 집에 있었나요?

확장: 집에 있던 일수보다 학교에 갔던 일수가 며칠 더 많았나요?

그리기

쓰기

단위 이야기　　　　　　　　　　　　　　　　　　　　　　　　27과 문제 세트　1•4

이름 _____　　　　　날짜 _____

1. 수식 쌍이 있는 덧셈 합을 사용해 풀어보세요. 도움이 되는 빠른 10과 1을 그릴 수도 있습니다.

a. 19 + 12 = _____	b. 18 + 12 = _____
c. 19 + 13 = _____	d. 18 + 14 = _____
e. 17 + 14 = _____	f. 17 + 17 = _____
g. 18 + 17 = _____	h. 18 + 19 = _____

27과:　한 자리 수가 그 합이 10보다 큰 경우 두 자리 숫자 쌍을 추가하세요.

단위 이야기

27과 문제 세트 1·4

2. 푸세요. 도움이 되는 빠른 10과 1을 그릴 수도 있습니다.

a. 19 + 12 = ____	b. 18 + 13 = ____
c. 19 + 13 = ____	d. 18 + 15 = ____
e. 19 + 16 = ____	f. 15 + 17 = ____
g. 19 + 19 = ____	h. 18 + 18 = ____

27과: 한 자리 수가 그 합이 10보다 큰 경우 두 자리 숫자 쌍을 추가하세요.

단위 이야기　　　　　　　　　　　　　　　　　　　　　　27과 마무리 평가　1●4

이름 _____　　　　날짜 _____

수식 쌍이 있는 덧셈 합을 사용해 풀어보세요. 도움이 되는 빠른 10과 1을 그릴 수도 있습니다.

a.　　16 + 15 = _____	b.　　17 + 13 = _____
c.　　16 + 16 = _____	d.　　17 + 15 = _____

27과:　　한 자리 수가 그 합이 10보다 큰 경우 두 자리 숫자 쌍을 추가하세요.　　167

읽기

앤톤은 크레용 몇 개를 책상에 갖고 있었습니다. 그의 선생님은 그에게 2개를 더 주었습니다. 그는 모든 크레용을 세었을 때 그는 크레용 16개를 갖고 있었습니다. 앤톤이 원래 갖고 있던 크레용은 몇 개였을까요?

그리기

�기

단위 이야기　　　　　　　　　　　　　　　　　　　　　　　　　　28과 문제 세트　1•4

이름 _____　　　날짜 _____

1. 빠른 10 그림, 덧셈 합 또는 화살표 경로를 사용해 풀어보세요. 새로운 10을 만든다면 사각형에 체크하세요.

a. 23 + 12 = _____

b. 15 + 15 = _____

c. 19 + 21 = _____

d. 17 + 12 = _____

e. 27 + 13 = _____

f. 17 + 16 = _____

28과:　일자리 수에서 다양한 합이 있는 두 자리 숫자 쌍을 더하세요.　171

2. 빠른 10 그림, 덧셈 합 또는 화살표 경로를 사용해 풀어보세요.

a. 15 + 13 = _____	b. 25 + 13 = _____
c. 24 + 14 = _____	d. 25 + 15 = _____
e. 18 + 14 = _____	f. 18 + 18 = _____
g. 24 + 16 = _____	h. 17 + 18 = _____

이름 _____ 날짜 _____

빠른 10 그림, 덧셈 합 또는 화살표 경로를 사용해 풀어보세요.

a. 12 + 16 = _____

b. 26 + 14 = _____

c. 18 + 16 = _____

d. 19 + 17 = _____

28과: 일자리 수에서 다양한 합이 있는 두 자리 숫자 쌍을 더하세요.

| 단위 이야기 | 29과 적용 문제 | 1•4 |

읽기

키아나의 친구는 그녀에게 스티커 3장을 주었습니다. 이제 키아나는 스티커 16장이 있습니다. 키아나가 원래 갖고 있던 스티커는 몇 장일까요?

그리기

쓰기

___

29과: 일자리 수에서 다양한 합이 있는 두 자리 숫자 쌍을 더하세요.

29과 문제 세트

이름 _____ 날짜 _____

1. 빠른 10 그림, 덧셈 합 또는 화살표 경로를 사용해 풀어보세요.

a. 13 + 12 = _____	b. 23 + 12 = _____
c. 13 + 16 = _____	d. 23 + 16 = _____
e. 13 + 27 = _____	f. 17 + 16 = _____
g. 14 + 18 = _____	h. 18 + 17 = _____

29과: 일자리 수에서 다양한 합이 있는 두 자리 숫자 쌍을 더하세요.

2. 빠른 10 그림, 덧셈 합 또는 화살표 경로를 사용해 풀어보세요. 보고 동안 어떻게 풀었는지에 대해 이야기 나눌 준비를 하세요.

a. 17 + 11 = _____	b. 17 + 21 = _____
c. 27 + 13 = _____	d. 17 + 14 = _____
e. 13 + 26 = _____	f. 17 + 17 = _____
g. 18 + 15 = _____	h. 16 + 17 = _____

단원 이야기

이름 _____ 날짜 _____

빠른 10 그림, 덧셈 합 또는 화살표 경로를 사용해 풀어보세요.

a. 18 + 14 = _____

b. 14 + 23 = _____

c. 28 + 12 = _____

d. 19 + 21 = _____

29과: 일자리 수에서 다양한 합이 있는 두 자리 숫자 쌍을 더하세요.

1학년
모듈 5

| 단위 이야기 | 1과적용 문제 | 1•5 |

읽기

오늘 우리 수업에서 모두는 사용할 빨대 7개를 받을 것입니다. 나중에 여러분의 조각과 짝꿍의 조각을 함께 사용할 것입니다. 여러분과 여러분의 짝꿍이 함께 빨대 몇 조각을 사용하게 될까요?

그리기

쓰기

___

___

___

1과: 예시, 변수 및 비예시를 사용해 속성을 정의해 도형을 분류하세요.

이름 _____ 날짜 _____

1. 직선 5개가 있는 도형에 동그라미 치세요.

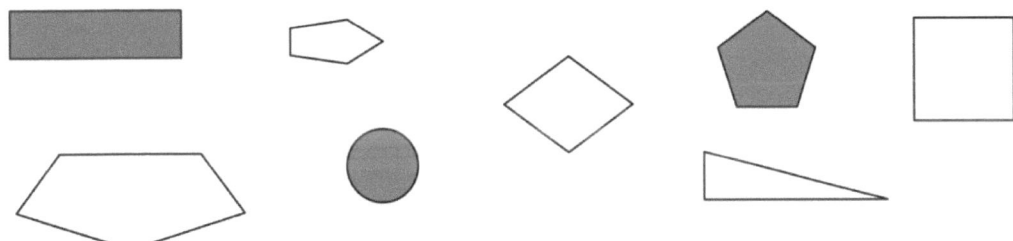

2. 직선이 없는 도형에 동그라미 치세요.

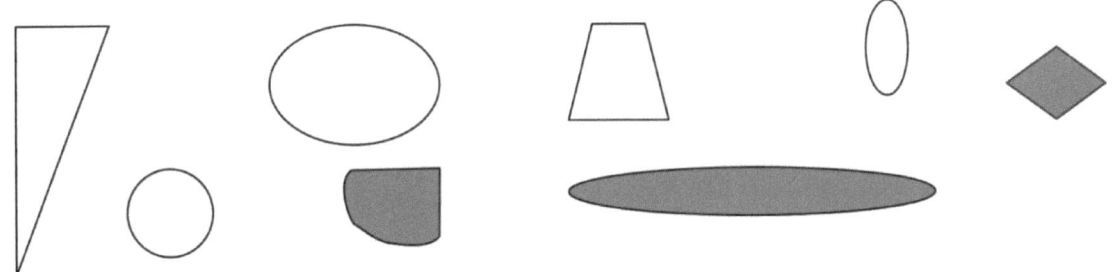

3. 모든 모서리가 사각형 모서리인 도형에 동그라미 치세요.

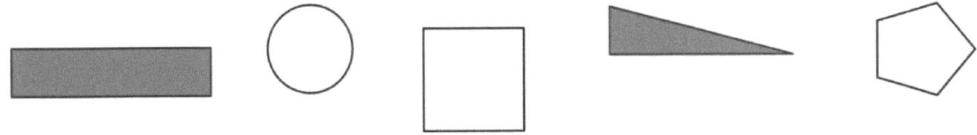

4.
a. 직선으로 된 변이 3개인 도형을 그리세요.	b. 4(a)와 위에 있는 것과는 다른 직선으로 된 변이 3개가 있는 도형을 그리세요.

5. 그룹 A의 모든 도형에 대해 동일한 속성 또는 특성은 무엇인가요?

   그룹 A

    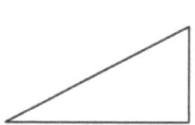  

   그들은 모두 _____입니다.

   그들은 모두 _____입니다.

6. 그룹 A에 가장 적합한 도형에 동그라미 치세요.

   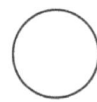      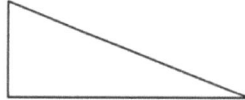   

7. 그룹 A에 맞는 도형 두 개를 그리세요.	8. 그룹 A에 들어가지 않는 **도형** 하나를 더 그리세요.

이름 _____   날짜 _____

1. 아래에 있는 각 도형은 몇 개의 모서리와 변이 있나요?

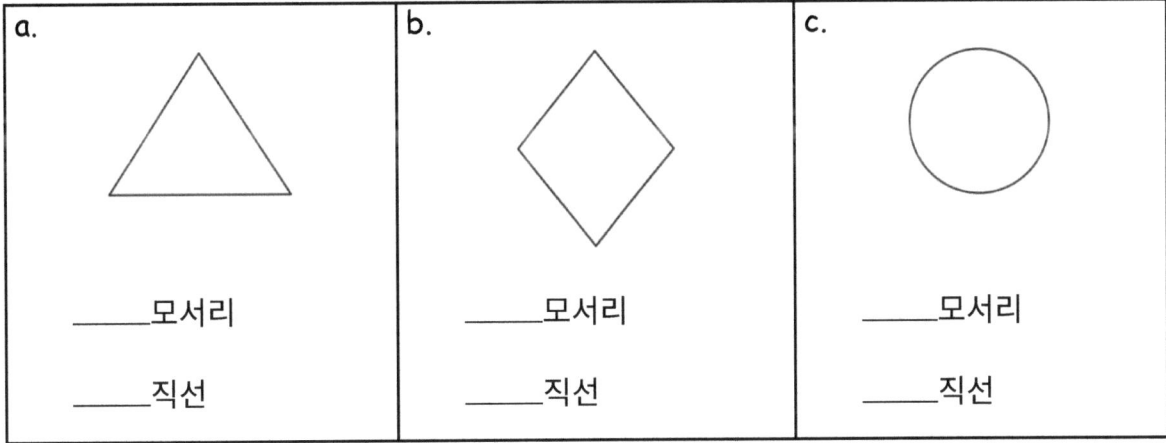

a. ____모서리 ____직선

b. ____모서리 ____직선

c. ____모서리 ____직선

2. 각 행에서 도형의 측면과 모서리를 보세요.

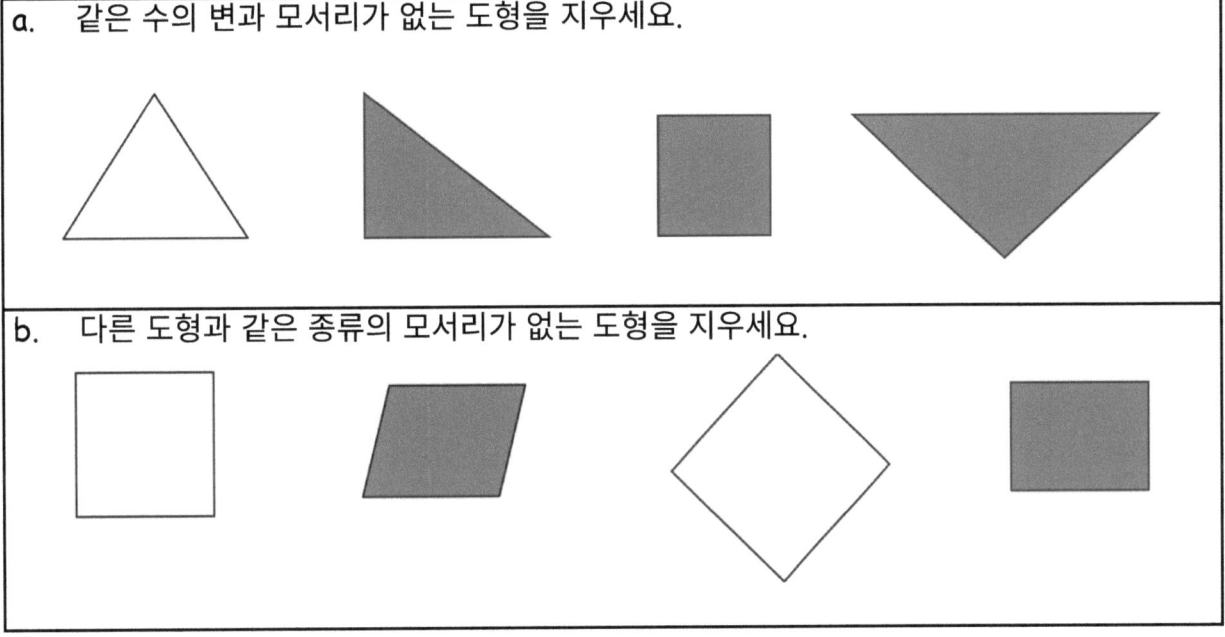

a. 같은 수의 변과 모서리가 없는 도형을 지우세요.

b. 다른 도형과 같은 종류의 모서리가 없는 도형을 지우세요.

읽기

리는 빨대 9개를 갖고 있습니다. 그는 빨대 4개를 사용해 도형을 만듭니다. 다른 모양을 만들 수 있는 빨대 몇 개가 남았을까요?

확장: 리가 만들 수 있는 도형은 어떤 것들이 있을까요? 리가 빨대 4개를 사용해 만들 수 있는 다양한 도형을 그려보세요. 이름을 알고 있는 도형에 표시해보세요.

그리기

�기

2과: 모서리와 변의 속성을 정의해 사다리꼴, 마름모 및 특수 사각형과 같은 사각형을 포함한 2차원 도형을 찾고 이름 붙여보세요.

1. 키를 사용해 도형을 색칠하세요. 그림에 각 모양이 몇 개인지 쓰세요. 문제를 풀면서 도형의 이름을 조그맣게 말해보세요.

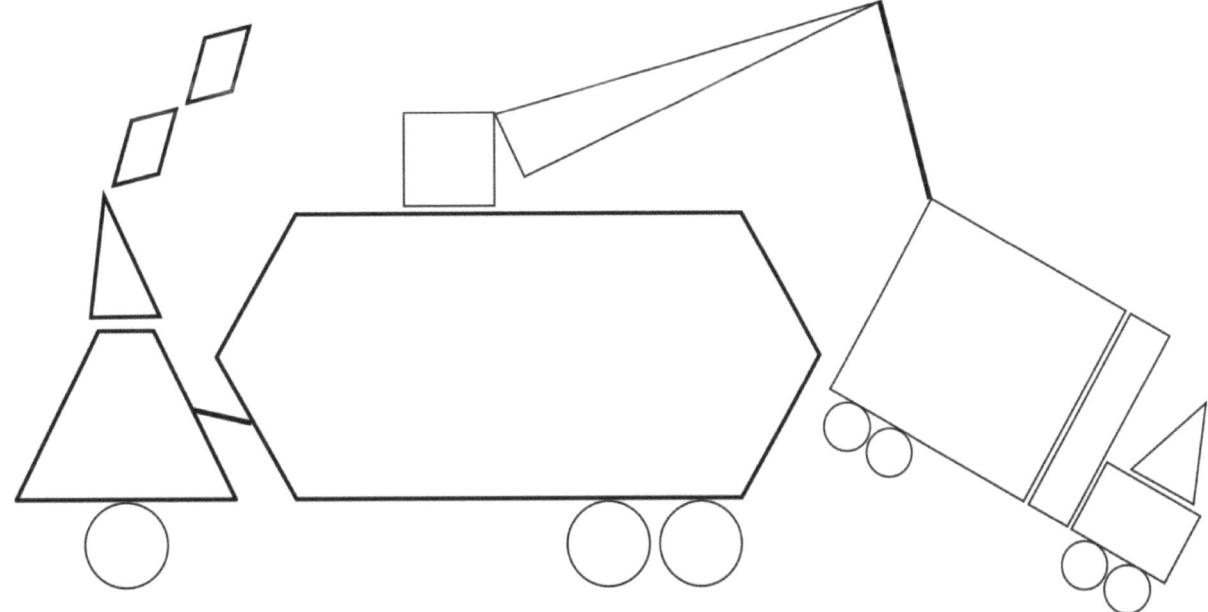

a. 빨간색—4면이 있는 도형: _____

b. 초록색—3면이 있는 도형: _____

c. 노란색—5면이 있는 도형: _____

d. 검은색—6면이 있는 도형: _____

e. 파란색—모서리가 없는 도형: _____

2. 사각형 모양에 동그라미 치세요.

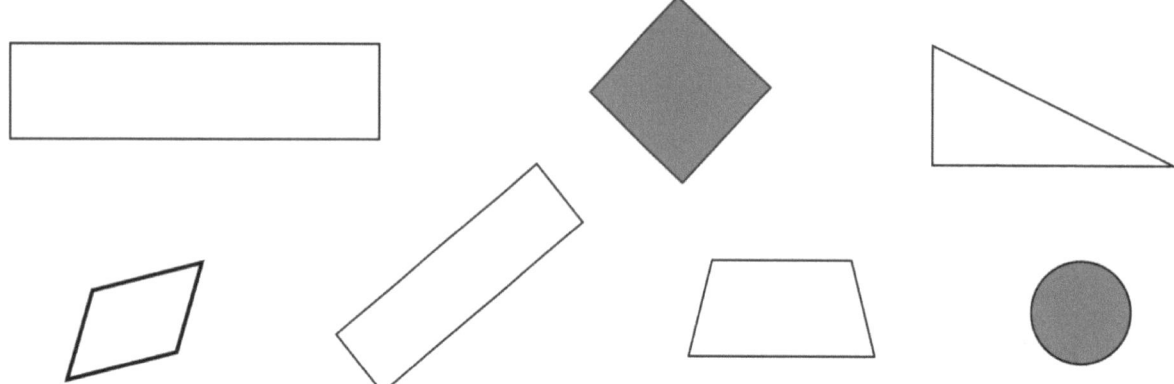

3. 도형이 직사각형인가요? 여러분의 생각을 설명하세요.

a.

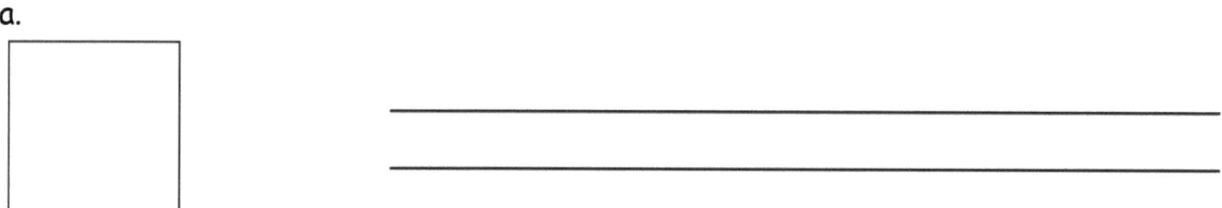

b.

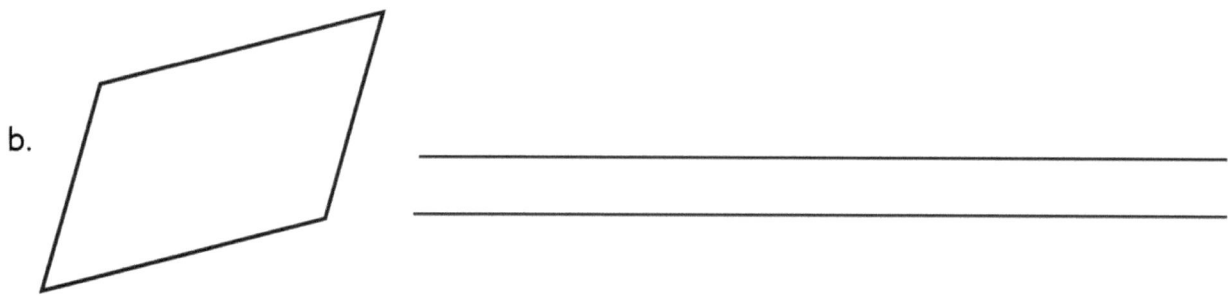

이름 _____ 날짜 _____

각 도형에 있는 모서리와 변의 수를 쓰세요. 그런 다음 도형을 그 이름에 일치시키세요. 몇몇 특수한 도형은 하나 이상의 이름을 가질 수도 있다는 것을 잊지 마세요.

1.
   ___ 모서리
   ___ 직선면

   삼각형

   동그라미

2.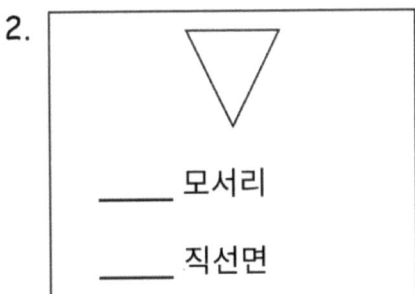
   ___ 모서리
   ___ 직선면

   직사각형

3.
   ___ 모서리
   ___ 직선면

   육각형

   정사각형

4.
   ___ 모서리
   ___ 직선면

   마름모

2과: 모서리와 변의 속성을 정의해 사다리꼴, 마름모 및 특수 사각형과 같은 사각형을 포함한 2차원 도형을 찾고 이름 붙여보세요.

읽기

로즈는 삼각형 6개를 그립니다. 마리아는 삼각형 7개를 그립니다. 마리아는 로즈보다 삼각형 몇 개를 더 가지고 있나요?

그리기

쓰기

_____

_____

_____

3과: 면과 점의 속성을 정의해 원뿔 및 직각 사각기둥을 포함한 3차원 도형을 찾아 이름 붙여보세요.

이름 _____   날짜 _____

1. 처음 객체 4개에서, 평면 중 하나를 빨간색으로 색칠하세요. 각 3차원 도형을 그 이름과 일치시키세요.

   a.

   | 직각 사각기둥 |

   b.

   | 원뿔 |

   c.

   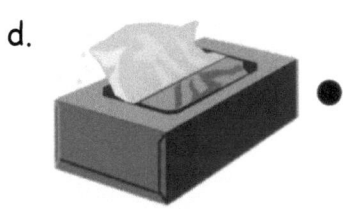

   | 구 |

   d.

   | 원기둥 |

   e.

   | 육면체 |

2. 각 개체의 이름을 올바른 열에 쓰세요.

정육면체	구체	원뿔	직사각형 프리즘	원통

3. 모든 구체를 설명하는 속성에 동그라미 치세요.

　　　　직선이 없다　　　　　　　둥글다

　　　　굴릴 수 있다　　　　　　통통 튀길 수 있다

4. 모든 정육면체를 설명하는 속성에 동그라미 치세요.

　　　　사각형 면이 있다　　　　빨간색이다

　　　　딱딱하다　　　　　　　6개의 면이 있다

이름 _____ 날짜 _____

참 또는 거짓에 동그라미 치세요.| 식 한 개를 써서 답을 설명해보세요. 필요한 경우 단어 은행을 쓰세요.

단어 은행

면	원	사각형
변	직사각형	점

1.

   이것은 원통일 수 있습니다.   참 또는 거짓

2.

   이 주스갑은 육면체입니다.   참 또는 거짓

읽기

앤톤은 정육면체 5개 높이의 타워를 만들었습니다. 벤은 정육면체 7개 높이의 타워를 만들었습니다. 벤의 워는 앤톤의 타워보다 얼마나 높을까요?

그리기

쓰기

이름 _____   날짜 _____

패턴 블럭을 사용해 다음 도형을 만드세요. 풀이 과정을 기록하기 위해 추적하거나 그리세요.

1. 삼각형 3개를 사용해 사다리꼴 1개를 만드세요.	2. 사각형 4개를 사용해 더 큰 사각형 1개를 만드세요.
3. 삼각형 6개를 사용해 육각형 1개를 만드세요.	4. 사다리꼴 1개, 마름모 1개, 삼각형 1개를 사용해 육각형 1개를 만드세요.

4과: 2차원 도형으로 복합 모양을 만드세요.

5. 패턴 블록에서 만든 사각형을 사용해 직사각형을 만드세요. 사각형을 추적해서 여러분이 만든 직사각형을 보여주세요.

6. 이 직사각형에 몇 개의 사각형이 보이나요?

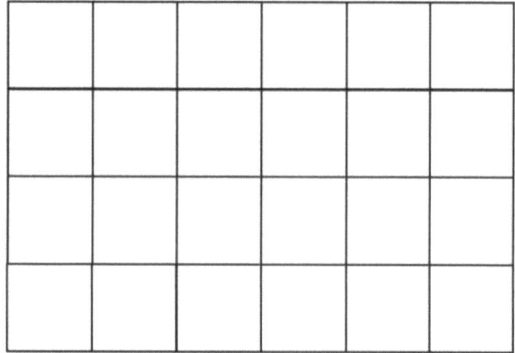

이 직사각형에서 사각형 _____ 개를 찾을 수 있습니다.

7. 패턴 블럭을 사용해 그림을 만드세요. 도형을 추적해 여러분이 만든 것을 보여주세요. 어떤 도형을 썼는지 짝꿍에게 말해보세요. 그림에서 더 큰 도형을 찾을 수 있나요?

단위 이야기　　　　　　　　　　　　　　　　　　　　　　　　　4과 마무리 평가　1•5

이름 _____　　　날짜 _____

패턴 블럭을 사용해 다음 도형을 만드세요. 추적하거나 그려 여러분이 한 것을 보여주세요.

1. 마름모 3개를 사용해 육각형 하나를 만드세요.	2. 육각형 1개와 삼각형 3개를 사용해 큰 삼각형 하나를 만드세요.

4과:　　2차원 도형으로 복합 모양을 만드세요.

Copyright © Great Minds PBC

읽기

다넬과 탐라는 자신들의 포도를 비교하고 있습니다. 다넬의 포도나무에는 포도 9송이가 있습니다. 탐라의 포도나무에는 포도 6송이가 있습니다. 다넬은 탐라보다 포도 몇 송이를 더 가지고 있나요?

그리기

쓰기

단위 이야기 5과 문제 세트 1•5

이름 _____ 날짜 _____

1.
   a. 큰 사각형을 만드는 데 몇 개의 도형이 사용됐을까요?

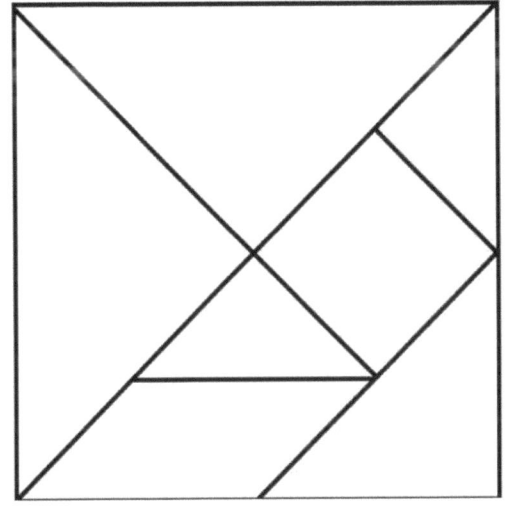

   이 큰 사각형에는 도형 _____
   개가 있습니다.

   b. 큰 사각형을 만드는 데 사용되는 세 가지 유형의 도형의 이름은 무엇인가요?

   _____   _____   _____

2. 탱그램 2조각을 사용해 사각형을 만드세요. 어떤 2조각을 사용했나요? 조각을 그리거나 추적해 어떻게 사각형을 만들었는지 보여주세요.

3. 탱그램 4조각으로 사다리꼴을 만드세요. 조각을 그리거나 추적해 사용한 모양을 보여주세요.

5과: 복합 모양에서 새로운 도형을 만들어보세요.

4. 모든 탱그램 7조각을 사용해 퍼즐을 완성하세요.

5. 짝꿍과 함께 여러분의 모든 조각을 사용해 새나 꽃을 만들어보세요. 그리거나 추적해 종이 뒷면에 사용한 조각을 나타내세요. 조각으로 만들 수있는 다른 물체를 실험해보세요. 종이 뒷면에 만든 내용을 표시하기 위해 그리거나 추적하세요.

이름 _____   날짜 _____

단어나 그림을 사용해 더 작은 도형 3개로 어떻게 큰 도형 하나를 만들었는지 보여주세요. 예제에 있는 도형 이름을 쓰는 것을 잊지 마세요.

5과: 복합 모양으로 새로운 도형을 만드세요.

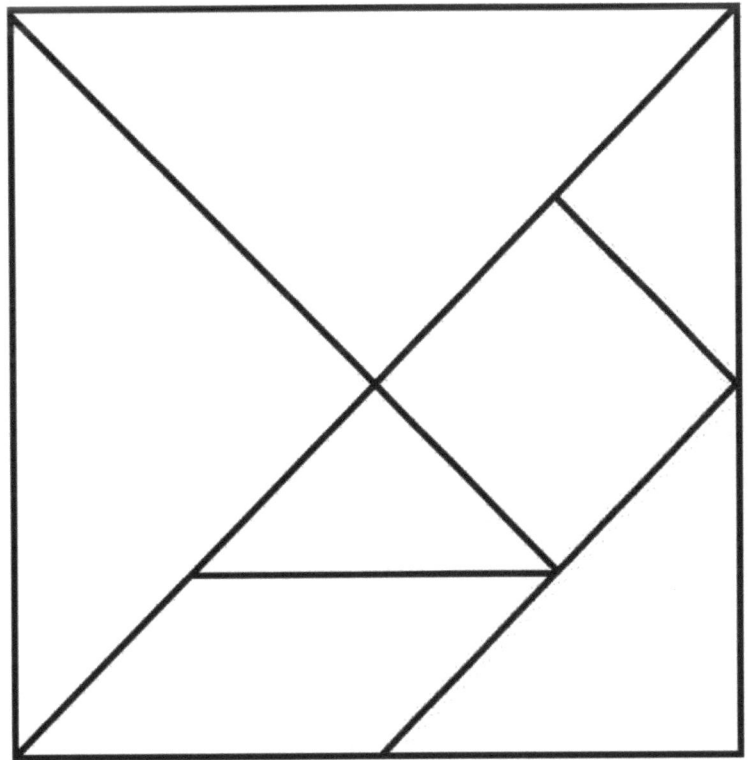

탱그램

읽기

에미는 노란색 육면체 4개를 일렬로 정렬했습니다. 프랜은 파란색 육면체 7개를 일렬로 정렬했습니다. 누가 육면체를 더 조금 갖고 있나요? 그녀가 갖고 있는 육면체는 몇 개인가요?

그리기

쓰기

단위 이야기   6과 문제 세트

이름 _____   날짜 _____

1. 짝꿍과 다른 친구들과 함께 3차원 도형이 있는 구조를 만들어보세요. 조각은 원하는대로 사용할 수 있습니다.

2. 차트를 완성해 구조를 만드는 데 사용한 각 도형의 숫자를 기록하세요.

정육면체	
구체	
직각 사각기둥	
원통	
원뿔	

3. 구조물 바닥에 어떤 도형을 사용했나요? 왜입니까?

4. 사용하지 않은 도형이 있나요? 왜 그랬나요?

6과: 3차원 도형에서 복합 모양을 만들고 도형 이름과 위치를 사용해 복합 모양을 설명하세요.

이름 _____ 날짜 _____

마리아는 자신의 3차원 도형을 사용해 구조를 만들었습니다. 여러분의 도형을 사용해 마리아의 구조에 대한 선생님의 설명을 듣고 마리아와 같은 구조를 만들어보세요.

마리아의 구조는 다음과 같습니다.

- 가장 짧은면이 테이블에 닿는 직각 사각기둥 1개
- 직각 사각기둥 위에, 그리고 그 오른쪽에 있는 정육면체 1개
- 정육면체에 둥근 면이 닿고 정육면체 위에 있는 원통 1개

읽기

피터는 타워 5개를 만들기 위해 직각 사각형 5개를 세웠습니다. 그는 타워 3개 위에 원뿔 3개를 놓았습니다. 모든 타워 위에 원뿔을 놓고 싶다면, 피터는 원뿔 몇 개가 더 필요한가요?

그리기

쓰기

_____

_____

_____

단위 이야기   7과 문제 세트   1•5

이름 _____   날짜 _____

1. 도형이 같은 부분으로 나누어져 있나요? 그렇다면 **Y**를, 그렇지 않다면 **N**을 쓰세요. 도형이 같은 부분을 가진다면 변에 같은 부분이 몇 개 있는지 쓰세요. 첫 번째 숫자는 여러분을 위해 이미 완성되어 있습니다.

a.	b.	c.
Y **2**	___ ___	___ ___

d.	e.	f.
___ ___	___ ___	___ ___

g.	h.	i.
___ ___	___ ___	___ ___

j.	k.	l.
___ ___	___ ___	___ ___

m. M	n. F	o. D
___	___	___

7과: 부분의 상대적인 크기를 인식하며 전체 중 부분의 도형의 이름을 붙이고 수를 세보세요.

2. 각 도형에 동일한 부분의 수를 쓰세요.

a.	b.	c.
d.	e.	f.

3. 선 하나를 그려 이 삼각형을 두 개의 동일한 삼각형으로 만들어보세요.

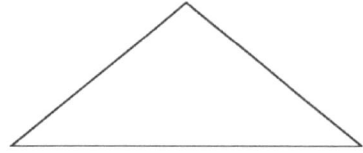

4. 선 하나를 그려 이 사각형을 두 개의 동일한 부분으로 만들어보세요.

5. 선 두 개를 그려 이 사각형을 4개의 동일한 부분으로 만들어보세요.

단원 이야기 | 7과 마무리 평가 1•5

이름 _____ 날짜 _____

부분이 같은 도형에 동그라미 치세요.

도형에는 동일한 부분이 몇 개 있나요? _____

읽기

피터와 프랜은 같은 수의 패턴 블럭을 갖고 있습니다. 모두 12개의 패턴 블럭이 있습니다. 프랜은 패턴 블럭 몇 개를 갖고 있나요?

그리기

쓰기

___

___

___

8과: 도형을 나누고 원과 사각형의 절반과 1/4을 구분하세요.

이름 _____ 날짜 _____

1. 도형이 반으로 나뉘어 있나요? 예 또는 아니오라고 쓰세요.

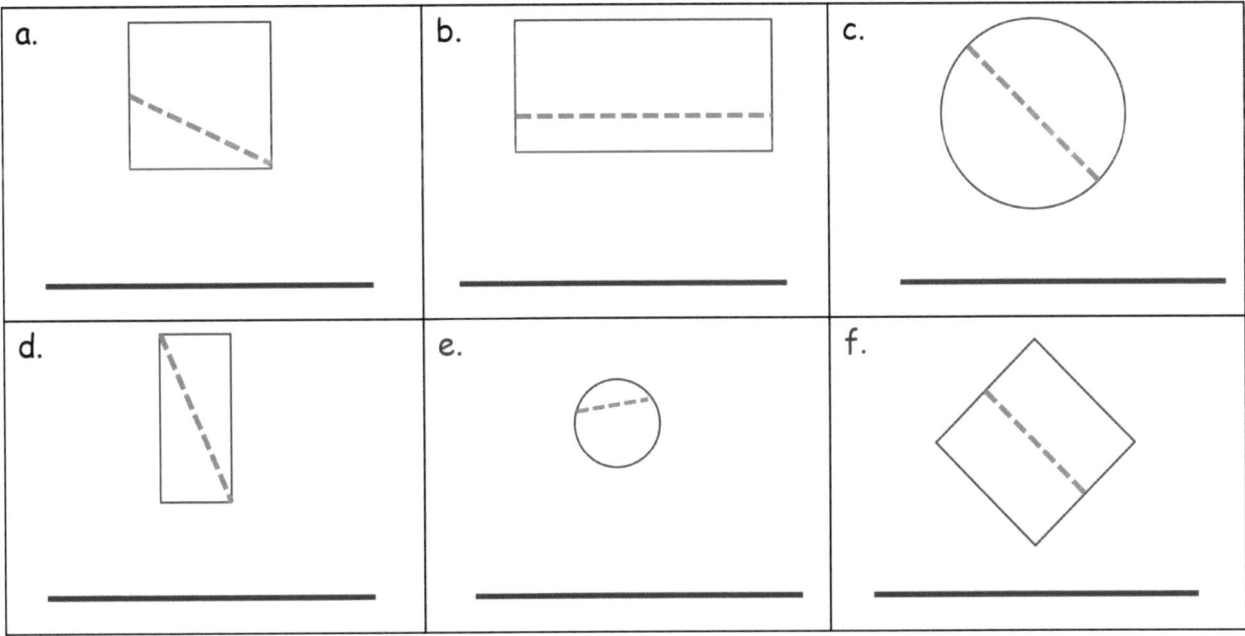

2. 도형이 4분의 1로 나뉘어 있나요? 예 또는 아니오라고 쓰세요.

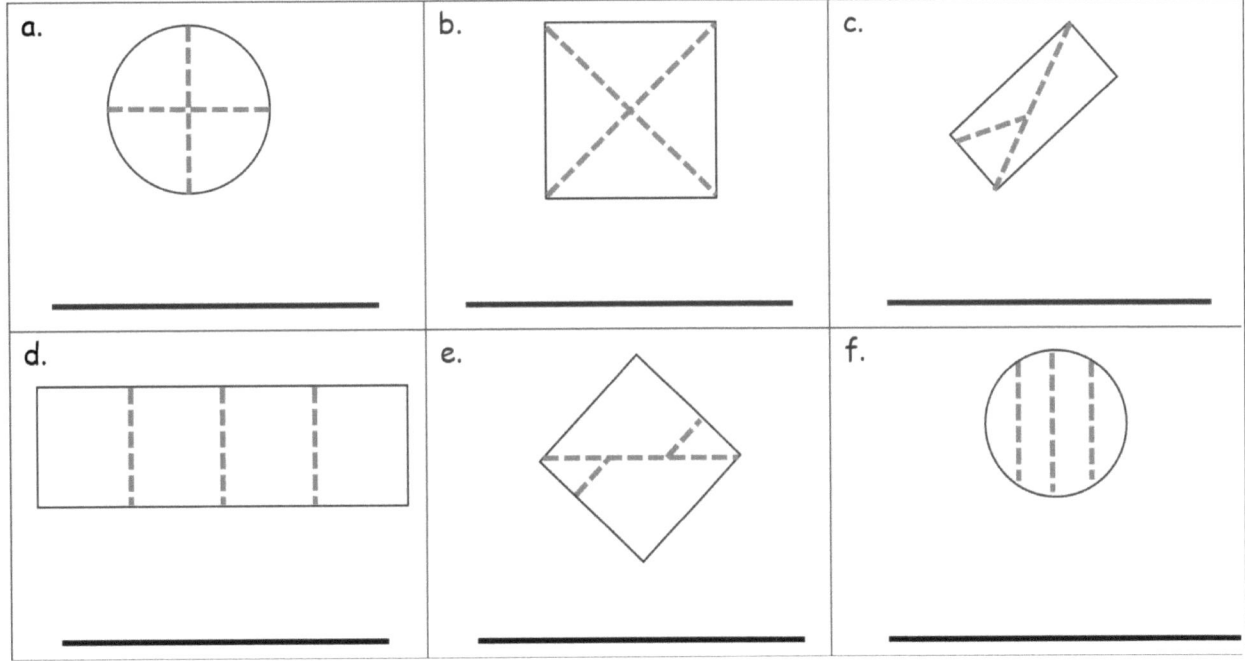

3. 각 도형의 절반을 색칠하세요.

a.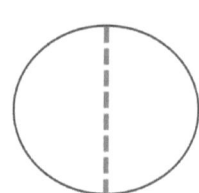

b.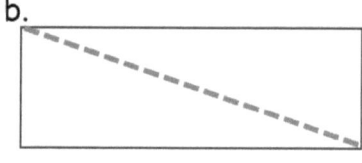

c.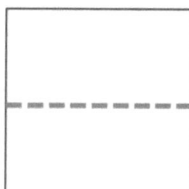

d.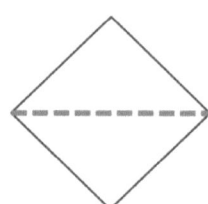

e.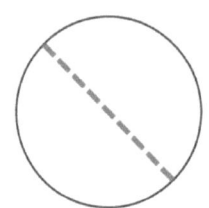

f.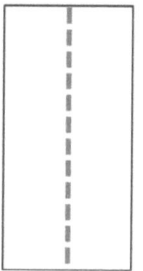

4. 각 도형의 1/4을 색칠하세요.

a.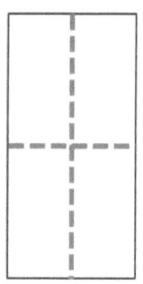

b.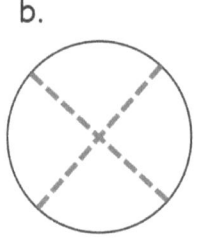

c.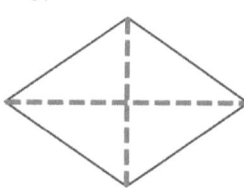

d.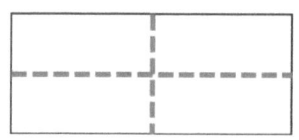

e.

이름 _____   날짜 _____

이 사각형의 1/4에 색칠하세요.	이 직사각형의 절반에 색칠하세요.
이 사각형의 절반에 색칠하세요.	이 원의 1/4에 색칠하세요.

8과: 도형을 나누고 원과 사각형의 절반과 1/4을 구분하세요.

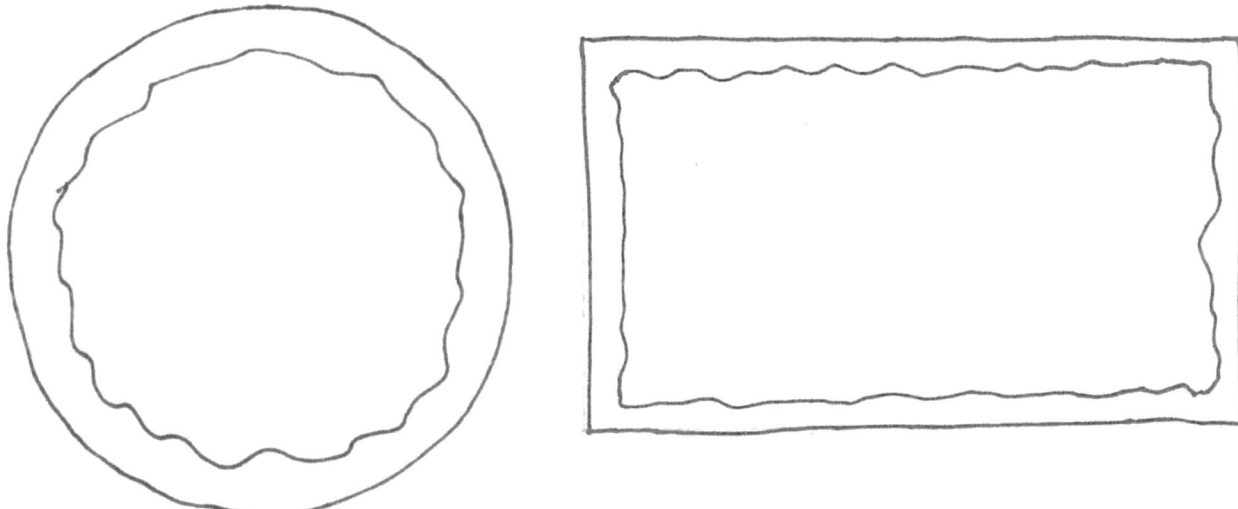

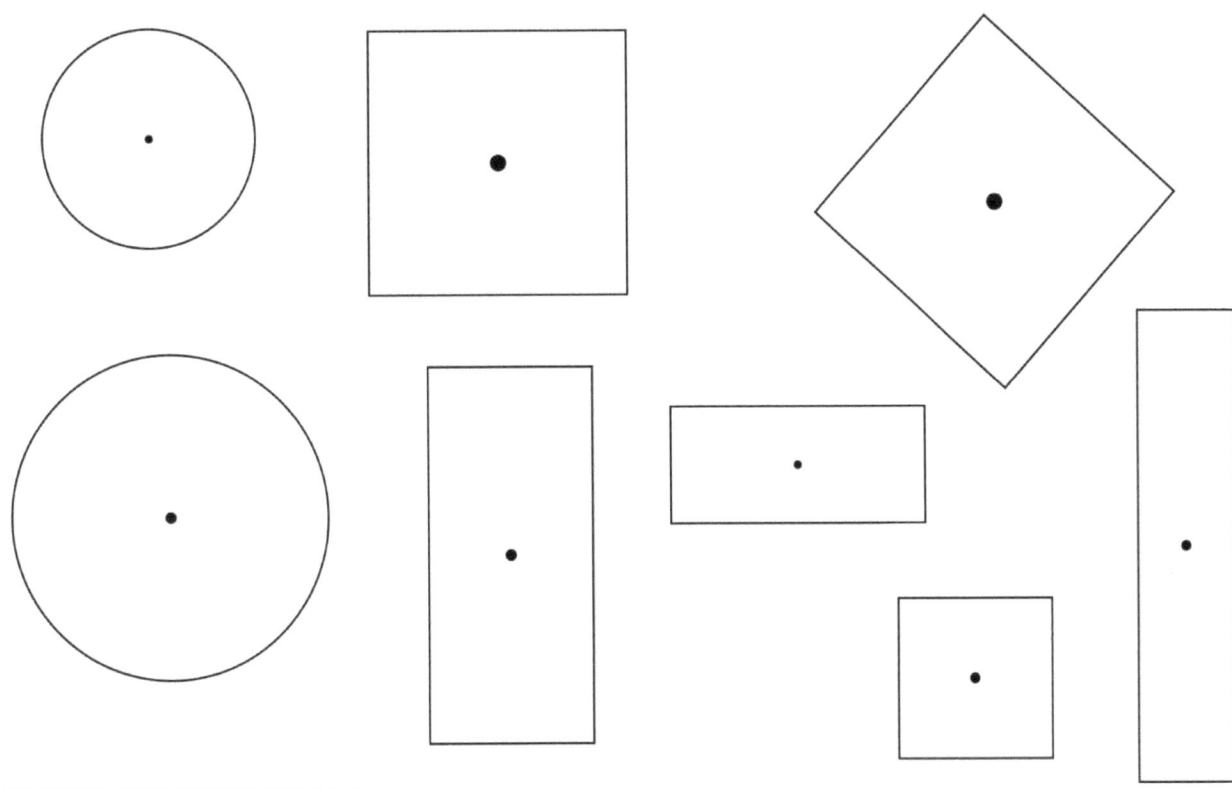

원과 직사각형

읽기

에미는 사각형 브라우니를 **4**조각으로 자릅니다. 브라우니의 그림을 그리세요. 에미는 브라우니를 세 조각을 나누어주었습니다. 그녀에게 몇 조각이 남았을까요?

확장: 전체 브라우니의 어느 부분 또는 일부가 남아있나요?

그리기

�기

_____

_____

_____

이름 _____ 날짜 _____

도형의 절반 또는 1/4이 있는 각 그림의 음영 부분에 표시하세요.

1.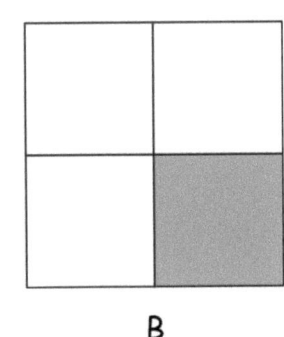

   어떤 도형이 더 동일하게 잘렸나요? ____

   어떤 도형이 더 큰 부분이 있나요? ____

   어떤 부분이 더 작은 부분이 있나요? ____

2. 어떤 도형 더 동일하게 잘렸나요? ____

   어떤 도형이 더 큰 부분이 있나요? ____

   어떤 부분이 더 작은 부분이 있나요? ____

3. 음영 처리된 부분이 더 큰 도형에 동그라미 치세요. 식을 참으로 하는 문구에 동그라미 치세요.

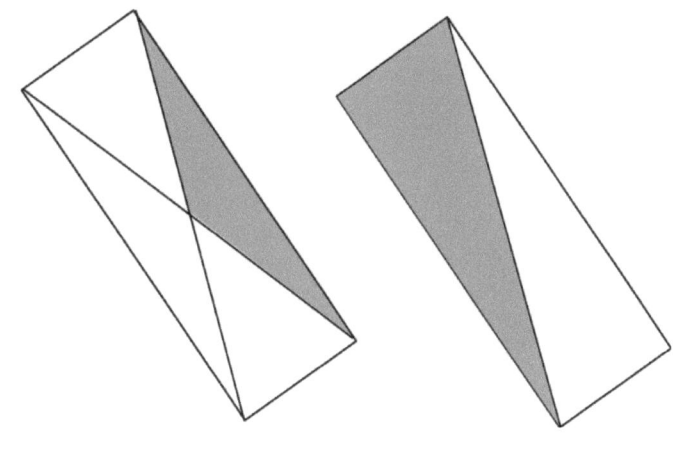

더 큰 음영 부분은

(1/2 / 1/4)

전체 모양.

도형의 일부를 색칠해 그 라벨과 일치시키세요.

서술을 참으로 만드는 문구에 동그라미 치세요.

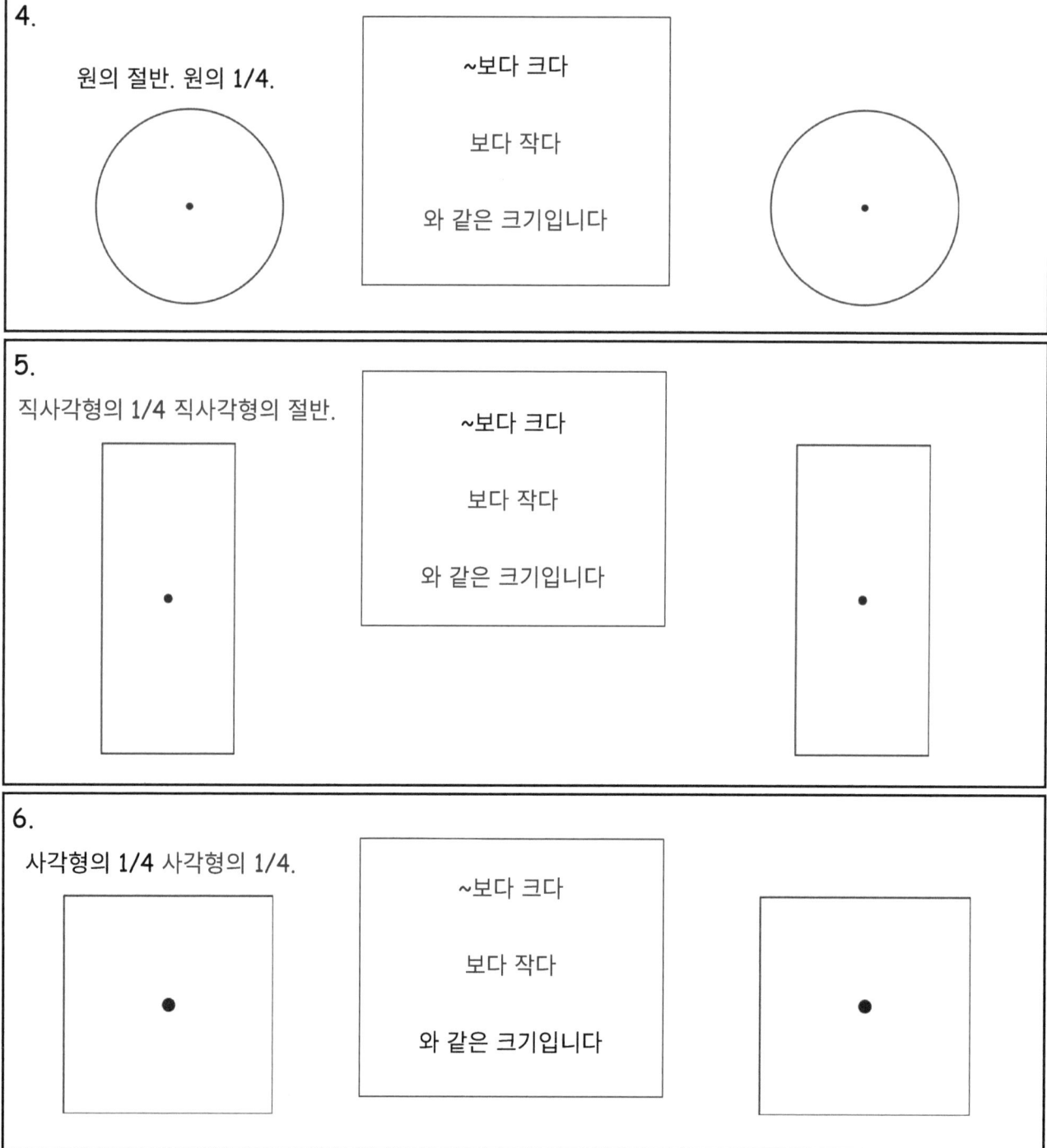

이름 _____ 날짜 _____

1. 참이면 T에 동그라미 치고 거짓이면 F에 동그라미 치세요.

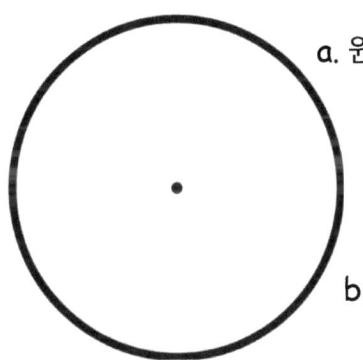

   a. 원의 1/4은 원의 절반보다 큽니다.   T F

   b. 원을 1/4로 자르면 원을 반으로 자르는 것보다 크기가
      더 큽니다.   T F

2. 아래 원을 사용하여 답을 설명하세요.

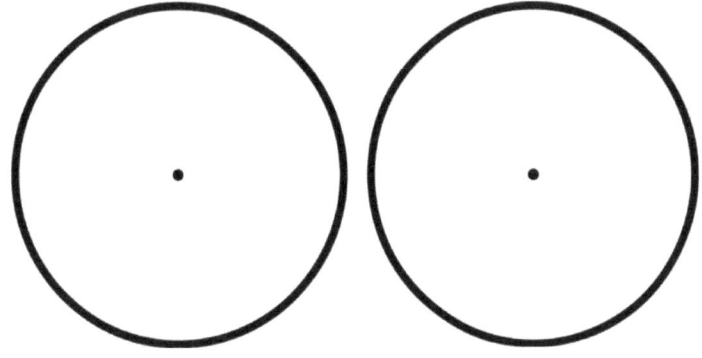

_____

_____

9과: 도형을 나누고 원과 사각형의 절반과 1/4을 구분하세요.

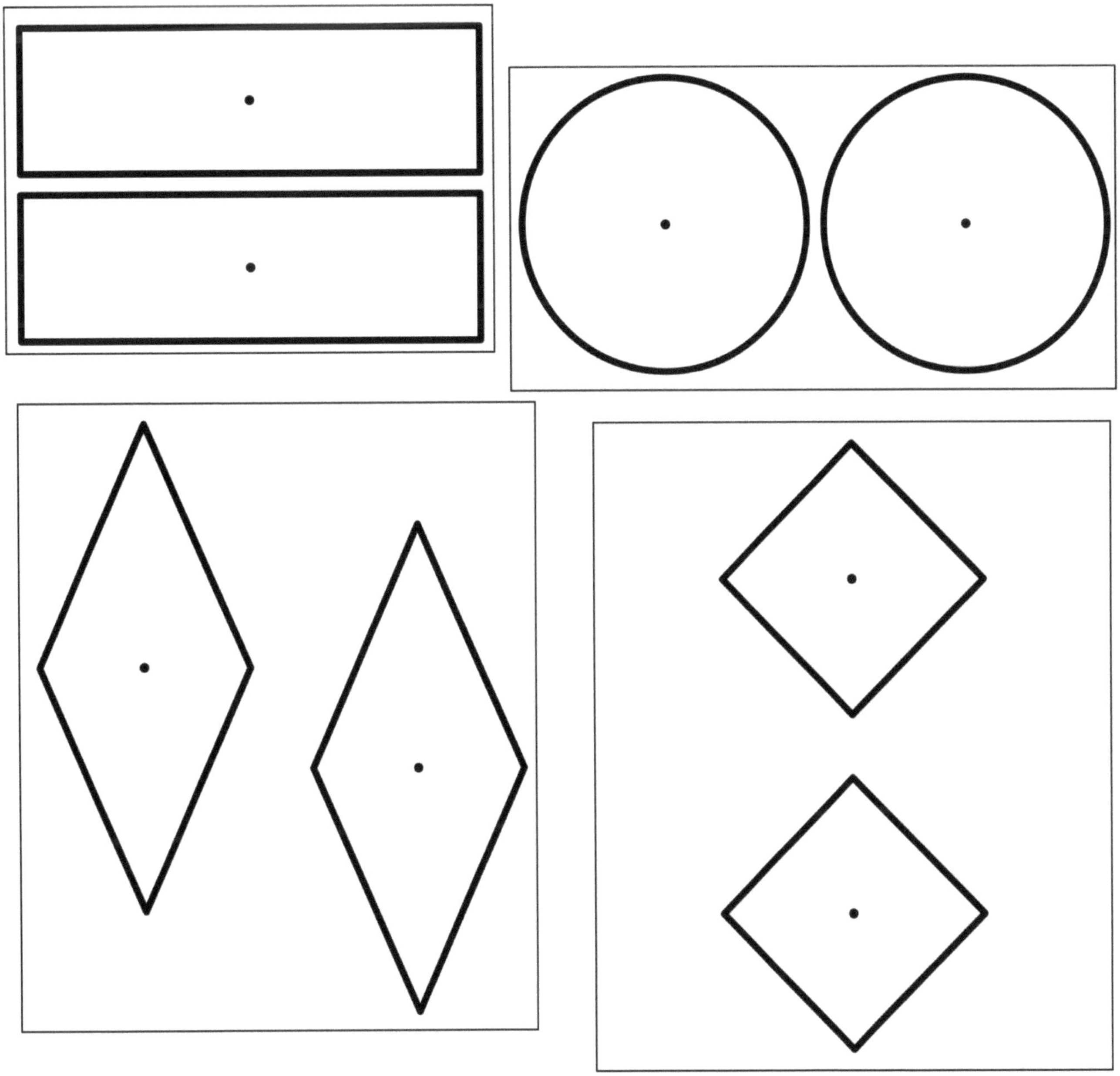

| 단위 이야기 | 9과 템플릿 | 1•5 |

도형의 쌍

9과: 도형을 나누고 원과 사각형의 절반과 1/4을 구분하세요.

241

읽기

킴은 원 7개를 그렸습니다. 샤니카는 원 10개를 그렸습니다. 킴은 샤니카보다 원 몇 개를 덜 그렸나요?

그리기

쓰기

_____

_____

_____

10과: 원을 분할해 종이 시계를 만들고 시간을 시 단위로 알려주세요.

이름 _____   날짜 _____

1. 같은 시간을 나타내는 시계를 일치시키세요.

a.  b.  c.  d.

2. 시계가 3시 정각을 가리킬 수 있도록 시침을 놓으세요.

3. 각 시계에 표시된 시간을 쓰세요.

a.  ____ : ____	b.  ____ 정각	c.  ____ 정각
d.  ____ 정각	e.  ____ : ____	f.  ____ 정각
g.  ____ : ____	h.  ____ 정각	i.  ____ : ____
j.  ____ 정각	k.  ____ : ____	l.  ____ 정각
m.  ________	n.  ________	o.  ________

EUREKA MATH

이름 _____   날짜 _____

각 시계에 표시된 시간을 쓰세요.

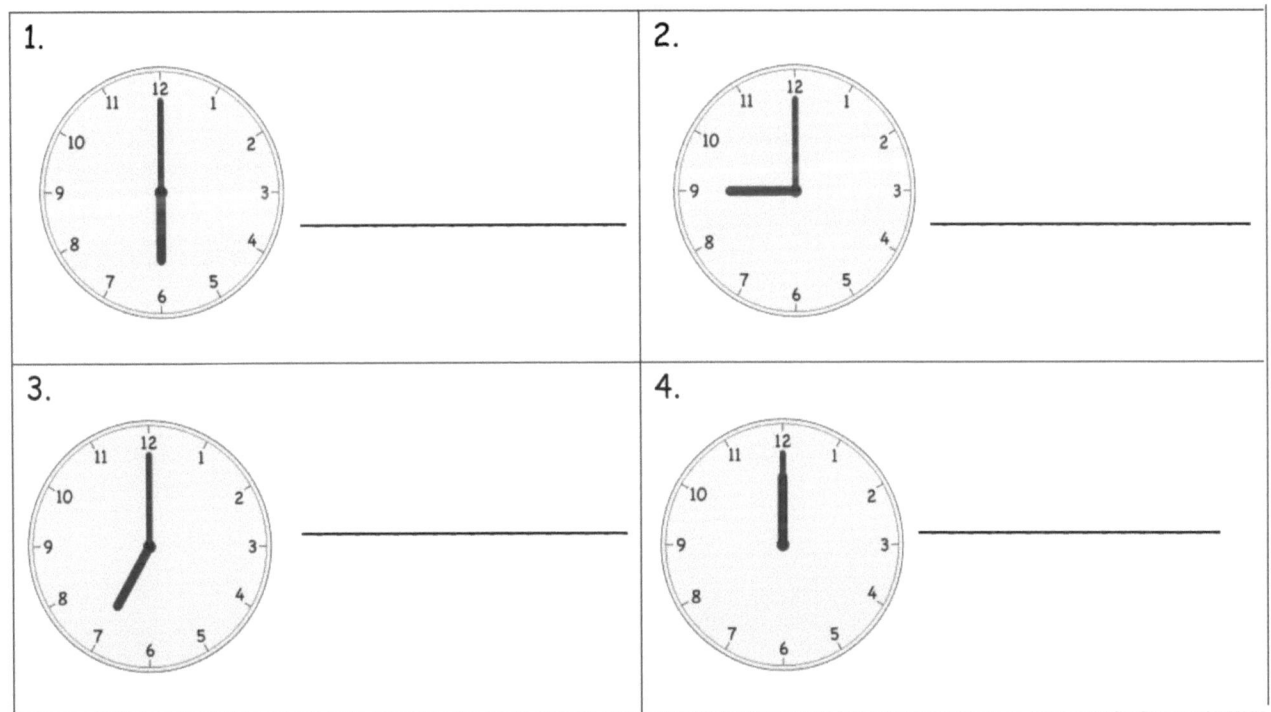

읽기

탐라는 집에 디지털 시계는 7개, 원형이거나 아날로그인 시계는 2개 밖에 없습니다. 탐라는 디지털 시계보다 몇 개 더 적은 원형 시계를 갖고 있나요? 탐라는 모두 몇 개의 시계를 갖고 있나요?

그리기

쓰기

이름 _____   날짜 _____

1. 시계를 오른쪽의 시간에 일치시키세요.

   a.    ● 5시 반

   b. (시계 이미지)   ● 5시 30 분

   c.    ● 12시 반

   ● 2시 30 분

2. 시계가 위에 기록된 시간을 표시하도록 분침을 그리세요.

   a. 7시   b. 8시   c. 7:30

   d. 1:30   e. 2:30   f. 2시

3. 각 시계에 표시된 시간을 쓰세요. 처음 두 예제와 같은 문제를 완성하세요.

a. 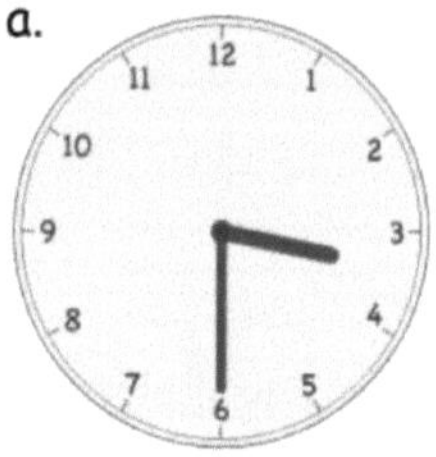 3:30	b. 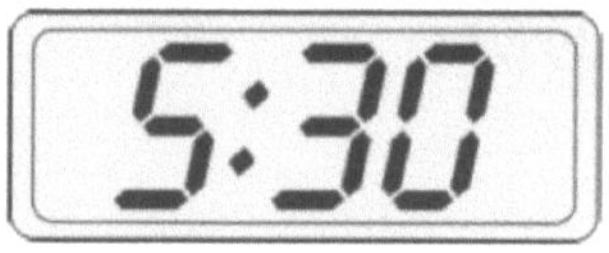 5시 30 분	c. 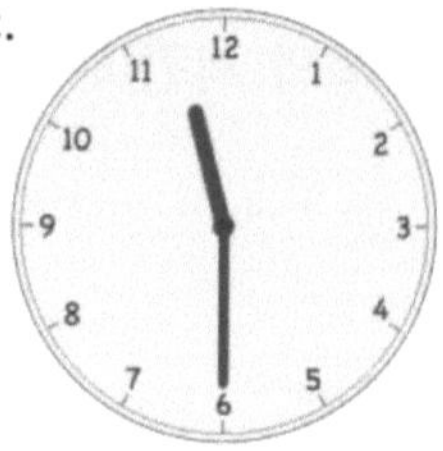 ____________
d. 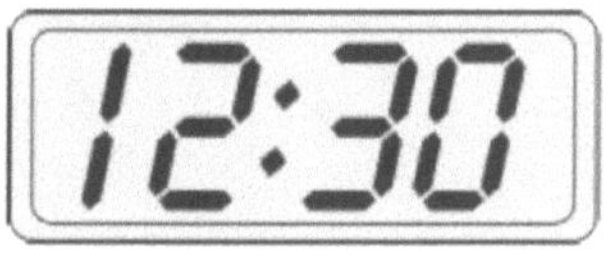 ____________	e. 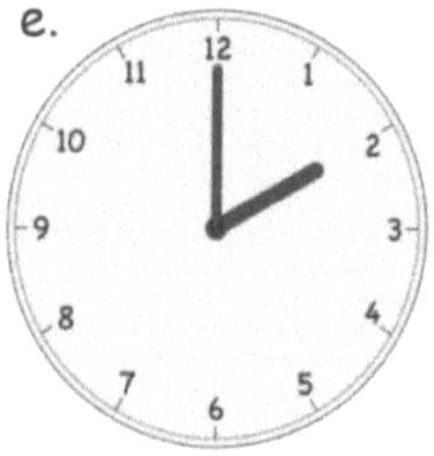 ____________	f. 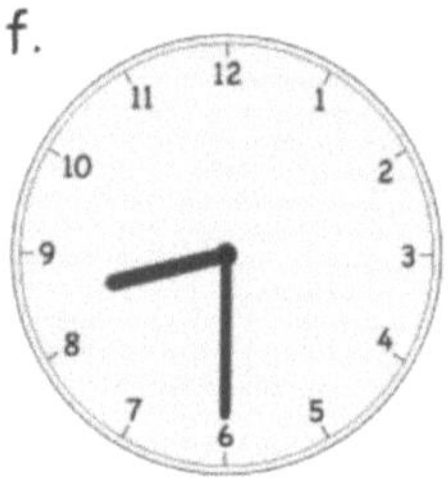 ____________
g. 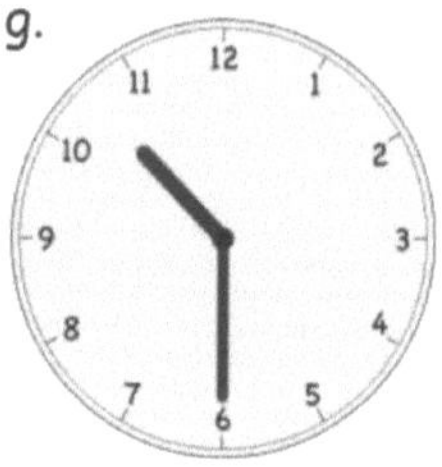 ____________	h. 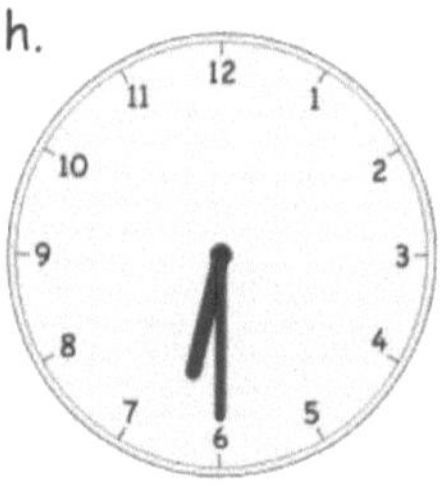 ____________	i. 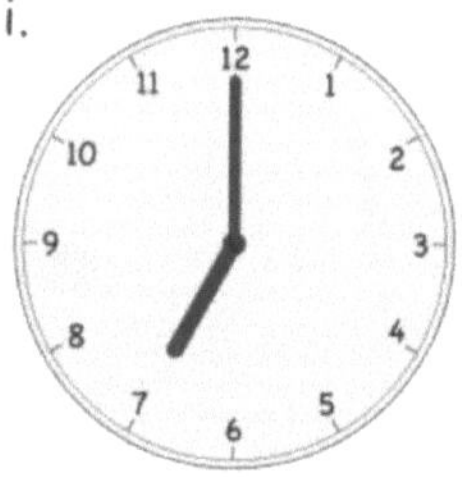 ____________
j. 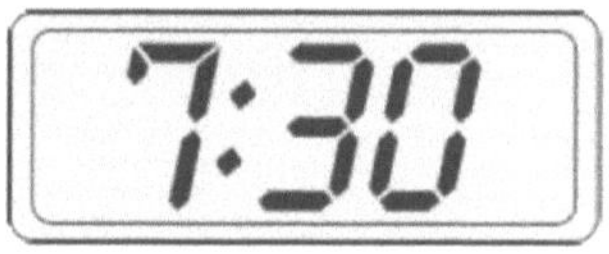 ____________	k. 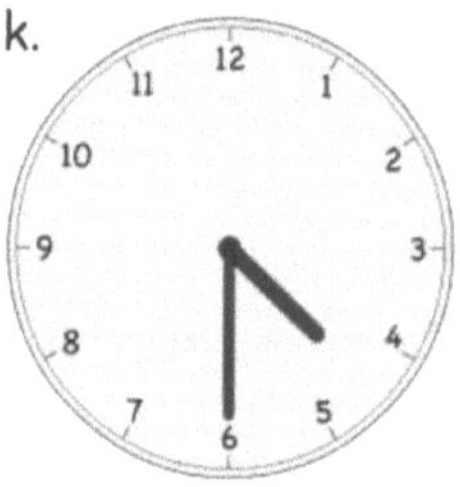 ____________	l. 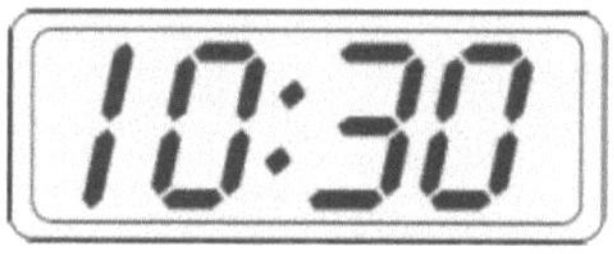 ____________

4. 12시 반을 보여주는 시계에 동그라미 치세요.

a.

b.

c.

EUREKA MATH

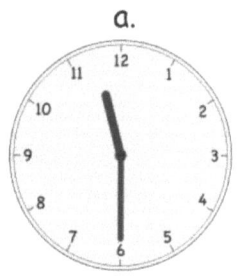

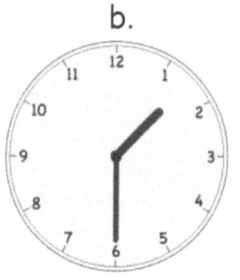

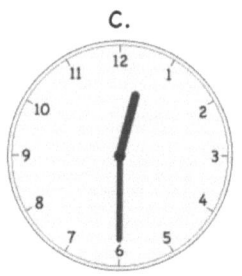

이름 _____ 날짜 _____

시계가 위에 기록된 시간을 표시하도록 분침을 그리세요.

1.
9:30

2.
3:30

3. 줄에 정확한 시간을 쓰세요.

 _____

단위 이야기 | 12과 적용 문제 | 1•5

읽기

정각부터 30분까지의 시계에 음영처리하세요. 그것이 30분과 같은 이유를 설명하세요.

그리기

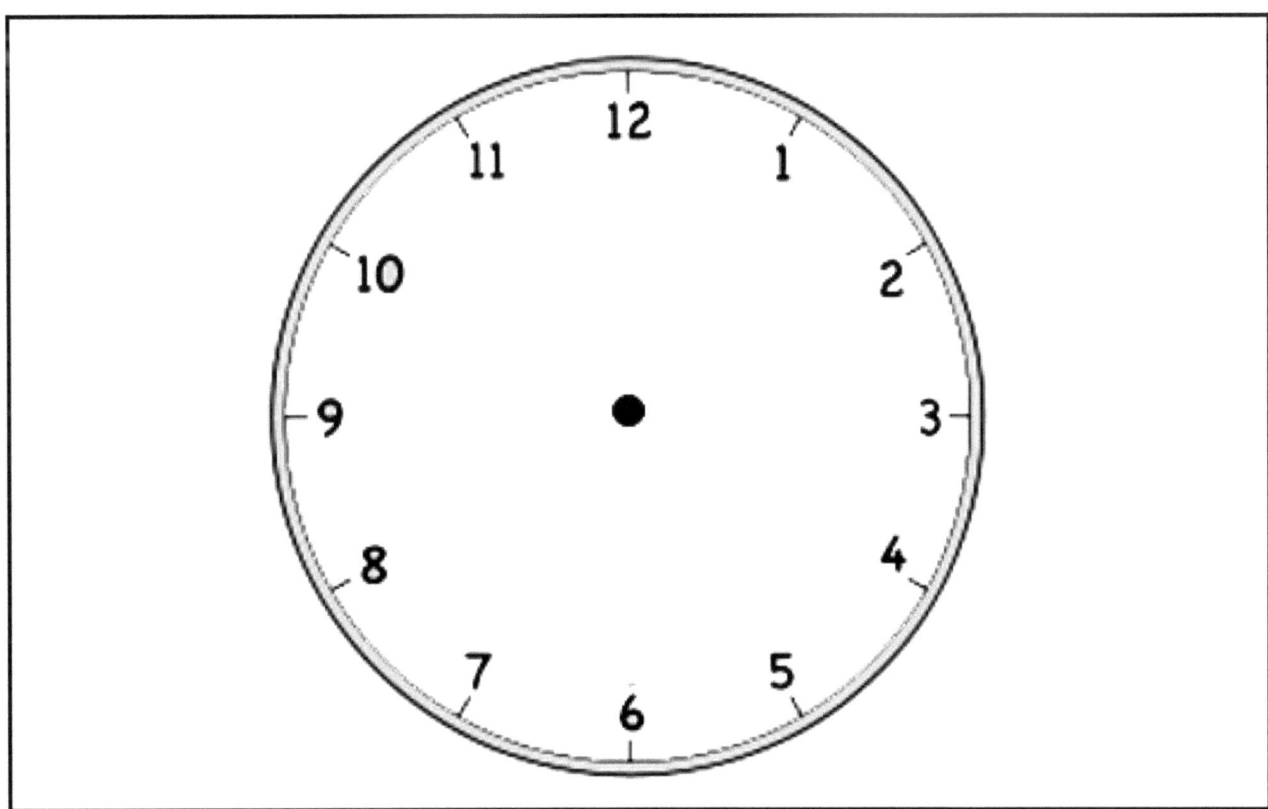

�기

_____

_____

_____

12과: 원형 시계 문자판 절반 내에 있는 시간을 인식하고 30분까지의 시간을 말해보세요.

이름 _____   날짜 _____

빈칸을 채우십시오.

1.   시계는 _____ 11시 반을 보여줍니다.

2. 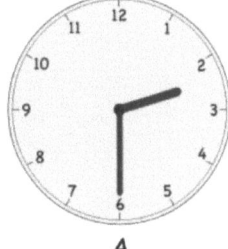  시계는 _____ 2시 반을 보여줍니다.

3.   시계는 _____ 6시 정각을 보여줍니다.

4.   시계는 _____ 9:30을 보여줍니다.

5.   시계는 _____ 여섯시 반을 보여줍니다.

6. 시계를 맞추세요.

a. 　　7시 반　　

b.　　1시 반　　

c.　　7시　　

d.　　5시 반　　

7. 시계에 분침과 시침을 그리세요.

a. 3:30

b. 8:30

c. 11:00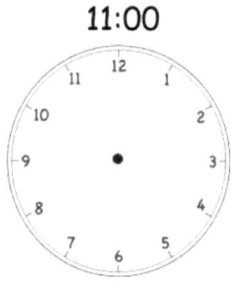

d. 6:00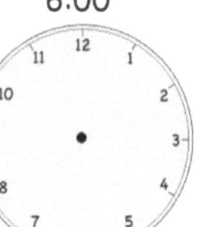

e. 4:30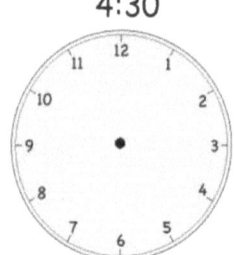

f. 12:30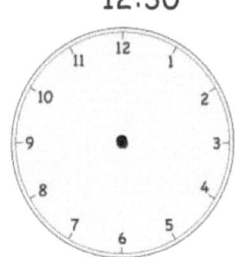

이름 _____ 날짜 _____

시계에 분침과 시침을 그리세요.

1. 1:30

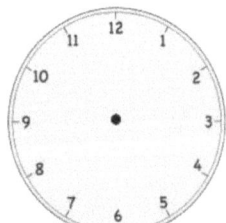

2. 10:00

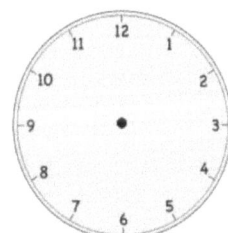

3. 5:30

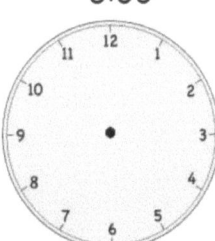

4. 7:30

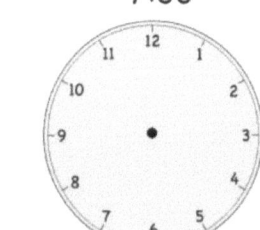

읽기

벤은 시계 수집가입니다. 그는 디지털 시계 8개와 원형 시계 5개를 갖고 있습니다. 벤은 모두 시계 몇 대를 갖고 있습니까? 벤은 원형 시계보다 디지털 시계를 몇 개 더 가지고 있나요?

그리기

쓰기

_____

_____

_____

13과: 원형 시계 문자판 절반 내에 있는 시간을 인식하고 30분까지의 시간을 말해보세요.

이름 _____ 날짜 _____

올바른 시계에 동그라미 치세요. 다른 두 시계의 시간을 줄에 쓰세요.

1. 1시 30분을 나타내는 시계에 동그라미 치세요.

_____

_____

2. 7시 정각을 나타내는 시계에 동그라미를 치세요.

_____

_____

3. 10시 반을 나타내는 시계에 동그라미 치세요.

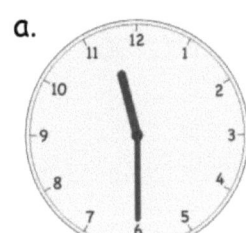 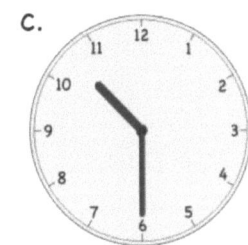

_____

_____

4. 지금 몇 시인가요? 줄에 시간을 쓰세요.

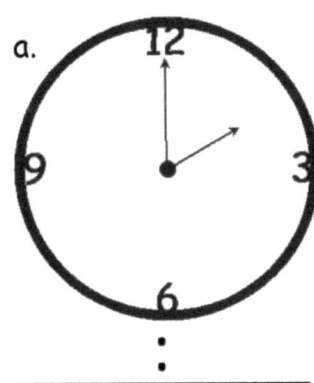  

___ : ___   ___ : ___   ___ : ___

5. 시계에 분침과 시침을 그리세요.

a. 1:00
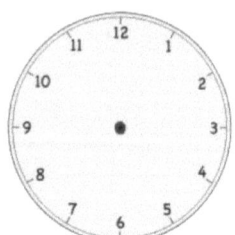

b. 1:30
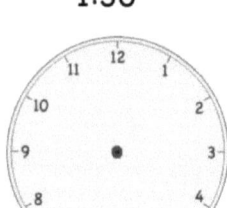

c. 2:00
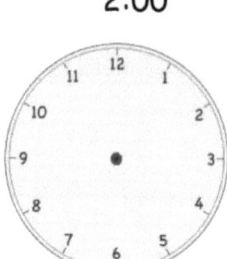

d. 6:30
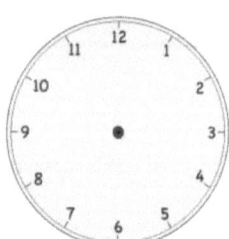

e. 7:30
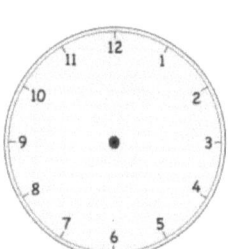

f. 8:30
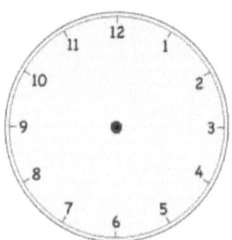

g. 10:00
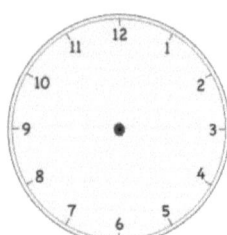

h. 11:00

i. 12:00
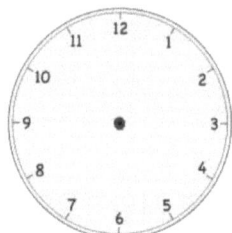

j. 9:30
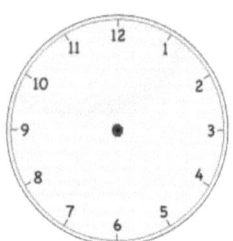

k. 3:00
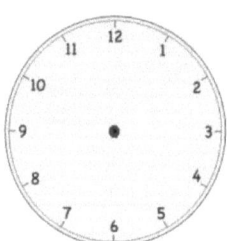

l. 5:30
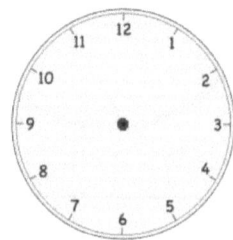

이름 _____   날짜 _____

1. 3시 반을 나타내는 시계에 동그라미 치세요.

   a.    b.   c.

2. 시계에 시간을 쓰거나 시침을 그리세요.

   a. 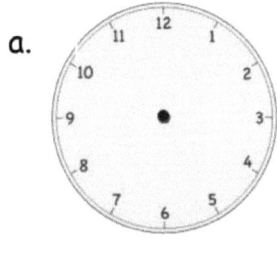   b.    c.

   4:30   _____   9시

단위 이야기 13과 템플릿 2

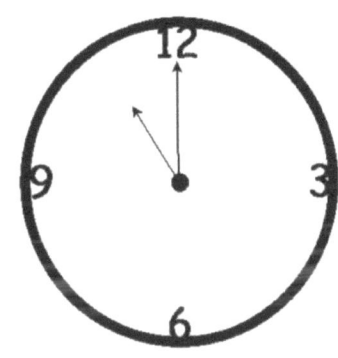

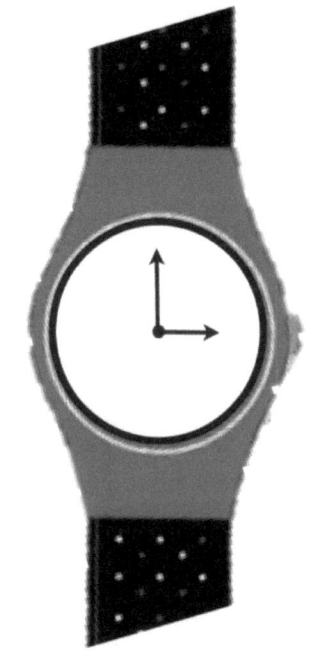

시계 이미지

13과: 원형 시계 문자판 절반 내에 있는 시간을 인식하고 30분까지의 시간을 말해보세요.

크레딧

Great Minds®는 모든 저작권 자료 재인쇄 허가를 얻기 위해 모든 노력을 기울이고 있습니다. 저작권이 있는 자료의 소유자가 여기에서 인정되지 않은 경우, 앞으로 이 모듈의 개정판 및 재인쇄판의 적절한 승인을 위해 Great Minds에 문의해 주시기 바랍니다.

Printed by Libri Plureos GmbH in Hamburg, Germany